DAS GEHEIMNIS GLÜCKLICHER HUNDE

DER SCHLÜSSEL BIST DU SELBST

Karin Müller

DAS GEHEIMNIS GLÜCKLICHER HUNDE

DER SCHLÜSSEL BIST DU SELBST

CADMOS

Autorin und Verlag haben den Inhalt dieses Buches mit großer Sorgfalt und nach bestem Wissen und Gewissen zusammengestellt. Für eventuelle Schäden an Mensch und Tier, die als Folge von Handlungen und/oder gefassten Beschlüssen aufgrund der gegebenen Informationen entstehen, kann dennoch keine Haftung übernommen werden.

IMPRESSUM

Gestaltung und Satz: Pinkhouse Design, 1140 Wien
Titelgestaltung und Layout: www.ravenstein2.de
Coverfoto: Dr. Richard Maurer
Fotos im Innenteil: Kathrin Ebmeier, sofern nicht anders angegeben
Lektorat: Maren Müller

Druck: Himmer AG, Augsburg

Deutsche Nationalbibliothek – CIP-Einheitsaufnahme
Die Deutsche Nationalbibliothek verzeichnet diese Publikation in der Deutschen Nationalbibliografie; detaillierte bibliografische Daten sind im Internet über http://dnb.ddb.de abrufbar.

Printed in Germany

ISBN: 978-3-8404-2043-6

INHALT

Ich danke Lillepuss und all meinen anderen zweibeinigen und vierbeinigen Freunden und Helfern, ohne deren Mitarbeit und Unterstützung dieses Buch nicht möglich gewesen wäre.

Danke!

MENSCH GESUND – GLÜCKLICHER HUND

Ist Ihr Hund glücklich?
Sind Sie es?

Von dem Moment an, in dem wir uns über einen Welpen in der Wurfkiste beugen, vor der Zwingertür im Tierheim stehen bleiben oder im Internet auf ein Hundefoto klicken und uns für vierbeinigen Familienzuwachs entscheiden – von diesem magischen Moment an sind wir für ein ganzes Hundeleben lang verantwortlich für sein Wohlergehen und sein Glück.

Wir kaufen höhenverstellbare Futternäpfe, Geschirre mit lustigen Sprüchen und Liegekissen mit orthopädischem Memoryschaum. Wir absolvieren Welpenschule, Clickertraining, Agility und Mantrailing. Wir kaufen zig Bücher von Experten über die richtige Ernährung, Beschäftigung, Haltung und Erziehung. Wir verinnerlichen deren Inhalt natürlich auch und setzen brav alles um.

Aber ist es das? Das Geheimnis glücklicher Hunde? Liegt der Schlüssel wirklich verborgen zwischen zwei Buchdeckeln, vergraben auf einem Hundeübungsplatz oder irgendwo im Wald?

Als Autorin des natürlich ultimativen Leitfadens zum Hundeglück müsste ich nun schrei(b)en: JA!!! In Großbuchstaben, mit drei Ausrufezeichen und reichlich Abstand steckt der Schlüssel selbstverständlich allem anderen voran und überhaupt in diesem Buch.

Äh – leider nein. Mit ein bisschen Fantasie können Sie mich an dieser Stelle gerade den Kopf schütteln sehen. Der Schlüssel zum Hundeglück – zum individuellen Glück Ihres Hundes – steckt in Ihrem Herzen.

Die schlechte Nachricht: Den Schlüssel umdrehen und entsprechend handeln müssen Sie selbst. Abnehmen kann ich Ihnen das nicht.

Die gute Nachricht: Dabei kann Ihnen dieses Buch Hilfestellung geben, und – wenn es auch nicht immer leicht erscheint – im Grunde ist es ganz einfach.

Das Glück eines Hundes ist eng mit dem seines Besitzers verknüpft. (Foto: Uwe Janssen)

Was kann und will dieses Buch?

„Vor einer Suche empfiehlt es sich, jemanden zu fragen, wonach gesucht wird, bevor man es sucht."

(A. A. Milne, Pu der Bär)

Bei Ihnen im Regal steht höchstwahrscheinlich bereits ein ansehnlicher Fundus an guten Hundebüchern, die Ihnen in vielen Bereichen weitergeholfen haben und wertvolle Impulsgeber waren. Vielleicht hat dieses Buch die Ehre, nach dem Lesen daneben eingereiht zu werden. All diese Ratgeber haben ihre Berechtigung, wenn Sie sie tatsächlich gelesen und das umgesetzt haben, was Ihnen für sich und Ihren Hund fruchtbar und stimmig erschien. Hier soll es daher gewiss nicht noch mal detailliert um Training, Erziehung, Beschäftigung, Haltung oder dergleichen mehr gehen. Solche Themen werden wir nur am Rande streifen, weil sie eins gemeinsam haben: Es geht vor allem darum, sich von „außen" mit dem „Außen" auseinanderzusetzen.

Mein Fachgebiet ist das „Innen": Der subjektive Blick, das Empfinden des Hundes – und die Wechselwirkung mit unserem eigenen „Innen" als sogenanntem Tierbesitzer, als zweibeinigem Familienmitglied, Freund, Oberhaupt.

Hier geht es nicht um eine „richtige", womöglich sogar „die einzig richtige" Methode. Im Gegenteil: „Methoden" mag ich nicht, sie sind mir zu starr und unverrückbar – zumindest werden sie oft so verwendet: Genau nach Schema, ohne eigenverantwortlich über die Art und Weise des Gebrauchs nachzudenken.

Ich möchte Sie einladen, die Perspektive zu wechseln. Nicht als Mensch den Hund zu betrachten, mit dem Abstand, der unsere Spezies biologisch gesehen voneinander trennt, sondern unsere Menschen-Brille abzunehmen und durch die Augen des Tieres auf unsere Welt zu schauen, sich zu fragen: Wenn ich mein Hund wäre – was würde ich brauchen, was würde ich mir wünschen, damit ich glücklich bin? Woran mangelt es? Darum soll es im ersten Teil dieses Buches gehen.

Hundetrainer bieten viele unterschiedliche Ansätze und Möglichkeiten, einen Hund zu erziehen, zu beschäftigen, zu trainieren. Gute und weniger gute. Aber in einem Punkt sind sich alle Profis einig, egal ob sie aus dem Hundesport kommen oder der Verhaltenstherapie: Hundetraining ist Menschentraining.

Das eigentliche Problem des Tieres hängt meist vor allem am anderen Ende der Leine!

Denn von uns ist das Tier abhängig, und in Abhängigkeit von uns wird es sich auch entwickeln.

Wir geben immer die Richtung vor. Und zwar buchstäblich „in guten wie in schlechten Tagen".

Voraussetzung fürs Hundeglück, für Gesundheit und ein langes Leben ist ganz sicher und zuallererst eine möglichst hundegerechte Haltung: gutes Futter, eine stabile Ordnung in der Familie, klare Regeln, ausreichend Beschäftigung für Kopf und Körper. Das alles hat absolut seine Berechtigung und sollte unserem Verantwortungsgefühl entsprechend oberste Priorität haben. Erstaunlicherweise aber begegne ich immer wieder Vierbeinern, bei denen diese Grundvoraussetzungen so gar nicht gegeben sind. Und ich blicke trotz allerlei Entbehrungen in fröhlichere, ausgeglichenere Hundegesichter als dort, wo vordergründig alles stimmt. Wie kann das sein?

Aber halt – ist es bei uns Menschen nicht genauso?

Sehr häufig bekomme ich es mit tierischen Klienten zu tun, die unglücklich wirken oder denen hartnäckige körperliche Symptome zu schaffen machen, gegen die kein Kraut und keine Therapie zu wirken scheinen. Austherapiert – heißt es in solchen Fällen lapidar, sei es durch die Schulmedizin oder auch von alternativer Seite.

Doch der Schlüssel zu Gesundheit und Glück für unsere Vierbeiner ist oft so banal und naheliegend, dass wir den Wald vor lauter Bäumen nicht sehen.

Ein Wort noch zu meinem Beruf: Ich bin Heilpraktikerin für Psychotherapie und Tierdolmetscherin. Seit vielen Jahren arbeite ich in Einzelcoachings und Seminaren daran, Menschen zu helfen, ihren angeborenen sechsten Sinn wieder freizuschaufeln. Ich unterstütze sie dabei zu lernen, ihrer Intuition und ihrem ureigenen telepathischen Vermögen wieder zu vertrauen. Doch keine Angst, ganz egal, ob so etwas Ominöses wie Telepathie in Ihrem Weltbild einen Platz hat oder nicht – den eigenen Blickwinkel verlassen und aus der Perspektive des Tieres **neu hinzuschauen**, zu „hören", was Tiere denken, was sie fühlen und brauchen, wegzukommen von der Betriebsblindheit des Fachwissens, das sind keine seltenen Begabungen. Sicher fällt es manchen von uns aufgrund einer hohen Sensitivität leichter. Aber diese Fähigkeiten sind auf keinen Fall nur begnadeten Autistinnen wie Dr. Temple Grandin und einigen wenigen telepathischen Tierkommunikatoren vorbehalten. Jeder von uns kann das lernen!

Manchmal steckt der Hund im selben Sumpf fest wie sein Mensch.

Was würden wir anstelle des Hundes brauchen, um gesund und glücklich zu sein? Woran mangelt es? Wenn es uns gelingt, unvoreingenommen hinzuspüren, erklären sich viele „Probleme" quasi ganz von selbst. Dafür brauchen wir einzig Empathie und Ehrlichkeit – und ein bisschen Mut, überhaupt hinzuschauen, tief durchzuatmen, zu überlegen und dann zu handeln.

Im zweiten Schritt möchte ich mit Ihnen noch etwas weitergehen. Ich möchte, dass wir uns der Antwort auf die Frage stellen: Was kann ich zum Glück meines Hundes beitragen, indem ich an mir arbeite? Denn oft übernehmen Tiere Probleme stellvertretend für ihre Besitzer: Sie entwickeln ähnliche Symptome oder Verhaltensweisen, die uns einen Spiegel vorhalten, uns auffordern, uns mit uns selbst auseinanderzusetzen und das Tier als Symptomträger und Helfer zu begreifen. Sie baden die Suppe aus, die wir ihnen eingebrockt haben, stellen sich zur Verfügung, werden unter Umständen sogar krank.

Dieses Buch ist ein Plädoyer für den menschlichen und artgerechten, aber keinesfalls vermenschlichenden Umgang mit Hunden. Es gibt praktische Tipps, enthält Fallbeispiele und Lösungsansätze, doch es ist weder Hundeschule noch Erziehungsratgeber, sondern bietet eine etwas andere Sichtweise darauf, warum der „blöde Köter wieder nicht tut, was er soll", der „arme Wuffi" schon wieder humpelt … – und was das alles mit uns selbst als Halter zu tun hat.

Ich frage daher noch einmal:
Ist Ihr Hund glücklich?
Sind Sie es?
Wenn nein, warum nicht?

Noch wichtiger:
Sind Sie bereit, etwas dazu beizutragen, damit sich etwas ändert?

Und was würde sich ändern, für Sie und für Ihren Hund – wenn Sie glücklicher wären?

Wollen Sie sich damit ein wenig auseinandersetzen?

Dann lesen Sie weiter – ich freue mich auf unser gemeinsames Projekt!

Burgwedel im Sommer 2014
Karin Müller

„Eine Menge Leute reden mit Tieren", bemerkte Puh. (...)
"Aber nur wenige hören zu",
fuhr er fort.
„Und das ist das Problem."

(Benjamin Hoff, Tao Te Puh)

(Foto: Radharani/Shutterstock.com)

EMPATHIE!

Empathie bedeutet übersetzt Einfühlungsvermögen. Vermögend nennt man jemanden, der reich ist. Die Fähigkeit, uns in ein Gegenüber einfühlen zu können – egal, wie viele Beine es hat – macht uns in der Tat sehr reich, finde ich. Und: Es ist einfach!

Eine uralte Weisheit besagt, dass, wer zu viel denkt, sich selbst im Weg steht. So geht uns das manchmal auch im Hinblick auf unseren Hund. Wir haben jede Menge schlaue Dinge über unseren Vierbeiner abgespeichert – wissenschaftliche Erkenntnisse aus der Verhaltensforschung, Informationen von diversen Hundetrainern, Erziehungsratschläge von Promi A, Anweisungen zur idealen Haltung von Szeneguru B – und bei Problemen versuchen wir, dieses gesammelte Wissen zu nutzen. Wir grübeln, schlagen weitere Fakten nach, fragen Experten ..., aber leider laufen wir durch all unsere Überlegungen Gefahr, „betriebsblind" zu werden und uns zu sehr an Schema X oder Methode Y zu klammern. Nicht selten vergessen wir darüber, dem gegenwärtigen Augenblick die nötige Beachtung zu schenken, unseren Hund wirklich wahrzunehmen, zu sehen, wie er ist, und zu fühlen, wie er sich gerade fühlt.

Benjamin Hoff schreibt in seinem Tao Te Puh: „Versuch mal, etwas mit angespanntem Arm schnell und genau zu greifen, dann lass locker und versuch es noch einmal. Versuch mal, mit angestrengtem Geist etwas zu tun. Der sicherste Weg, verspannt und ungeschickt zu werden und in Verwirrung zu geraten, ist der, seinen Verstand zu überanstrengen – zu viel zu denken. Die Tiere des Waldes denken nicht viel, sie sind einfach."

Häufig bemühen wir uns also zu sehr mit dem Kopf. Dabei täte es uns und unserem Hund sehr gut, wenn wir uns aus dem Denken, dem Wollen lösen. Lassen Sie öfter mal Ihren Bauch ran – und Ihr Herz. Denn nur damit sieht man ja bekanntlich wirklich gut.

Gesund – was heißt das eigentlich?

„Tja“, sagte Pu, „was ich am liebsten tue ...“ Und dann musste er innehalten und nachdenken. Denn obwohl Honigessen etwas sehr Gutes war, was man tun konnte, gab es doch einen Augenblick, kurz bevor man anfing den Honig zu essen, der noch besser war als das Essen, aber er wusste nicht, wie der hieß.

(A. A. Milne, Pu baut ein Haus)

Wenden wir uns eingangs noch mal kurz der Basis zu – also doch dem Außen – der Vollständigkeit halber.

Laut der Weltgesundheitsorganisation (WHO) ist es ganz simpel. Gesundheit ist „ein Zustand des vollständigen körperlichen, geistigen und sozialen Wohlergehens und nicht nur das Fehlen von Krankheit oder Gebrechen.“ Ich finde diese Definition sehr stimmig. Für mich sind das von der WHO beschriebene Wohlergehen und unser Empfinden von Glück tatsächlich eng miteinander verwandt. Sie sind quasi Zwillingsnaturen.

Ganz wichtig ist mir, an dieser Stelle noch auf zwei Dinge hinzuweisen. Erstens: Gesundheit ist ein subjektiver Zustand, eine individuelle Wahrnehmung. Mancher Mensch im Rollstuhl empfindet sich womöglich als gesünder und zufriedener als jemand, der gehen kann und nur einen Schnupfen hat. Zweitens: Ich wende diese Definition gern nicht nur auf den Menschen, sondern auch auf das Tier an. Aber bleiben wir zunächst mal bei unserer eigenen Art, der des Homo sapiens.

WAS BRAUCHT DER MENSCH, UM GESUND ZU SEIN?

Ich weiß, ich weiß, dies ist ein Hundebuch – warum beschäftigen wir uns nun ausgerechnet zuallererst mit dem Menschen? Nun, ganz einfach und wie schon angesprochen: weil an jedem Leinenende nun mal einer dranhängt. Wenn wir schlecht drauf sind und darum an der Leine rucken, kriegt's der Hund zu spüren. Wortwörtlich – und im übertragenen Sinn. Außerdem kann ich mit diesem Einstieg am besten erklären, worauf ich später, wenn es um den Hund geht, hinauswill.

Auch und gerade im Hinblick auf das Wohl des Tieres sind wir gefordert, gut für uns selbst zu sorgen. Da gibt es eine ganz vertrackte Wechselwirkung, auf die ich später näher eingehen werde. Weil unsere Hunde uns so verbunden und treu ergeben sind, hängt ihr Lebensglück gleich doppelt von unserem ab. Platt gesagt: Geht es dem Menschen nachhaltig schlecht, kann das seinen Vierbeiner regelrecht krank machen (muss aber nicht). Auch dazu später mehr.

Aber zurück zum Thema dieses Kapitels:

Was brauchen Sie selbst, um sich gesund und glücklich zu fühlen?

Nehmen Sie sich einen Moment Zeit und notieren Sie einfach mal in der linken Spalte der Tabelle auf der folgenden Seite, was Ihnen gut tut, was Sie brauchen, damit Sie sich wohlfühlen – und zwar körperlich, geistig und sozial. Das kann alles sein, von der Lieblingspizza über die große Liebe, Spaß an der Arbeit, den nächsten Traumurlaub und ausreichend Erholung bis hin zu endlich Ruhe in der Nachbarschaft, einem bequemen Schreibtischstuhl oder Spieleabenden mit Freunden.

Im zweiten Schritt schreiben Sie in die mittlere Spalte, wovon Sie gern mehr hätten, was Ihnen fehlt, was in Ihrem Alltag zu kurz kommt – ganz konkret in greifbaren Beispielen und egal, ob Sie darauf scheinbar keinen Einfluss haben. Die Möglichkeiten reichen von der kleinen Auszeit nach der Mittagspause mit Cappuccino über mehr Freizeit und mehr Geld bis hin zum Sechser im Lotto.

Und in die Spalte ganz rechts – na, vielleicht ahnen Sie es schon – da hinein schreiben Sie, was Ihnen jetzt schon auffällt. Nämlich, wie Sie aktiv zu Ihrem persönlichen Wohlbefinden beitragen können. Es sind Ihre Hausaufgaben für sich selbst! Zum Beispiel können Sie einen Lottoschein ausfüllen und abgeben, damit Sie überhaupt eine Chance auf einen Gewinn haben, oder mehr Zeit für sich einplanen und diese auch tatsächlich nutzen – oder Sie können schlicht und einfach Kaffee kochen.

Brauche ich	Bitte mehr davon	Was ich tun kann

Was sich hier in der Regel sofort zeigt, ist die Qualität unserer Work-Life-Balance, wie es auf Neudeutsch heißt. Je ausgewogener das Gleichgewicht zwischen unseren Pflichten und der Freizeit ist, je mehr Perspektiven und Sinn wir erkennen, je mehr wir in unseren Aufgaben aufgehen und je weniger wir uns von als sinnleer empfundener Arbeit erschlagen fühlen, desto zufriedener und gesünder sind wir; immer vorausgesetzt, dass die breite Basis stimmt, also unsere körperlichen Grundbedürfnisse wie Nahrung, Schlaf und Wärme erfüllt sind. Außerdem brauchen wir Sicherheit, ein angenehmes soziales Umfeld und obendrein einige Herausforderungen für Körper und Geist.

Interessanterweise ist es dabei vollkommen egal, wie andere dieselbe Lebenssituation bewerten würden. Entscheidend ist einzig und allein, wie wir selbst unsere Lage beurteilen. In unseren Augen mögen Menschen, die in strohgedeckten Hütten ohne fließend Wasser und Strom leben, die Ärmsten der Armen sein – doch gleichzeitig sind in großstädtischen Slums oder auch im Urwald wesentlich mehr lachende Gesichter zu sehen als in deutschen Fußgängerzonen. Irgendetwas Entscheidendes bleibt also bei uns auf der Strecke …

Der US-amerikanische Psychologe Abraham Maslow (1908 bis 1970) hat unsere Bedürfnisse und Motivationen in Pyramidenform dargestellt. Den Inhalt dieser Pyramide zeigt das Schaubild auf dieser Seite.

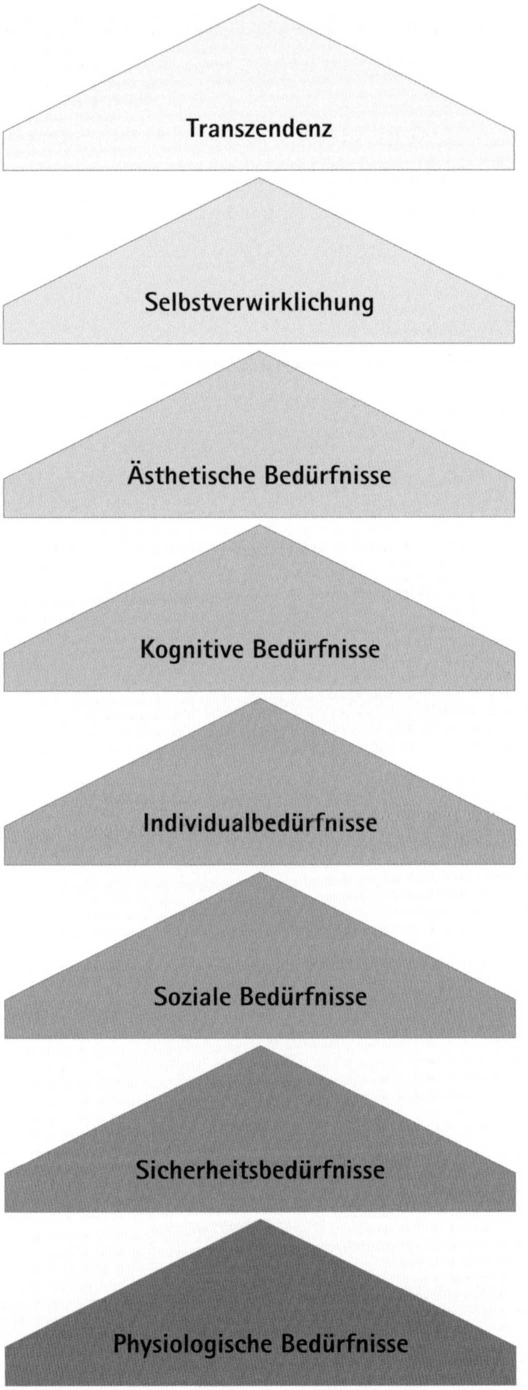

Die Bedürfnisse des Menschen nach Abraham Maslow.

Zum Verständnis: Maslows Pyramide ist kein starres Gebilde. Es ist unsere Aufgabe, sie mit Leben zu füllen, und das erfordert jeden Tag aufs Neue viel Arbeit.

Wahrscheinlich haben Sie es sich nun schon gedacht: Bei unseren Hunden ist es ganz ähnlich. Diese Bedürfnispyramide lässt sich sehr gut übertragen. Der entscheidende Unterschied ist allerdings: Unsere Abhängigkeiten, die uns an der Erfüllung unserer Bedürfnisse hindern „wollen", sind häufig hausgemacht – der Hund dagegen ist immer fremdbestimmt. Er ist nämlich ganz massiv von uns abhängig. Vom Doseöffnen bis zum Waldspaziergang – Menschen bestimmen das Leben ihrer Hunde bis ins Detail. Der Zweibeiner entscheidet darüber, wann, wie viel und was der Vierbeiner fressen darf, wie lange er wo schnuppern darf, wann, wo und wie lange er sich suhlen darf und sogar darüber, ob und mit wem er sich paaren darf.

Manchmal treffe ich mittags beim Hundespaziergang einen wirklich beeindruckend gut erzogenen Jagdhund mit seinem Herrchen. Allerdings – ich sage es ganz offen – blutet mir dabei regelmäßig das Herz. Denn wenn Herrchen es könnte, würde er dem Tier, nennen wir

Jeder Hund braucht Freiheiten, etwa die, sich ausgiebig und nach Herzenslust im Sand zu wälzen.

es Biene, vielleicht sogar die Anzahl der Atemzüge pro Minute vorschreiben. Biene darf tatsächlich gar nichts ohne Erlaubnis – und die erfolgt oft genug rein aus Prinzip nicht. Einfach, weil der Mensch die Macht hat, muss der Hund sich so lange flach auf den Boden pressen, bis die kommunikationsfreudigen Hundekumpel vorübergezogen sind. Biene bleibt dann nichts weiter übrig, als traurig hinterherzublicken, bis Herrchen auch das streng unterbindet. Dabei ist Biene ein wirklich freundliches und sozialverträgliches Hundemädchen.

Sie könnte durchaus auch mal ihresgleichen begrüßen oder mit ihr bekannten Hunden spielen. Dagegen spricht wirklich nichts – außer der Wille ihres Herrchens. Und Herrchen fordert unbedingten Gehorsam. Immer. Wehe, wenn nicht … Biene ist perfekt abgerichtet – ich mag dieses Wort nicht. Und ich glaube, ich möchte auch nicht mit Bienes Frauchen tauschen.

Ich bin mir sicher, Bienes Herrchen würde, genau wie wir alle, sofort unterzeichnen: Wir müssen gut für das uns anvertraute Wesen sorgen – Ehrensache

Laut Rassebeschreibung lieben Labradore Wasser und apportieren gern – aber gilt das tatsächlich für jeden Einzelnen von ihnen?

und logisch obendrein. Es gibt eine ganze Menge Ansprüche, die der beste Freund des Menschen an sein hundegerechtes Leben – und damit an uns – stellt. Auch wenn wir uns bemühen, diese bestmöglich zu erfüllen, machen wir unweigerlich Fehler. Das gehört dazu. Aber je genauer wir die Bedürfnisse unseres Hundes kennen, desto besser können wir auf sie eingehen. Deshalb folgt nun ein eingehender Blick auf den Hund.

WAS BRAUCHT DER HUND, UM GESUND ZU SEIN?

Beginnen wir ganz von vorn: Denken Sie kurz nach und schreiben Sie es so konkret wie möglich direkt hier auf den Notizzettel auf dieser Seite. Im Grunde wissen Sie es ohnehin. Was braucht Ihr Hund alles, damit er sich wohlfühlt, gesund ist und das auch so bleibt?

Ich wünsche mir, dass Sie jetzt nicht altbekannte Stereotype herunterspulen. Selbstverständlich sollen Sie die Anlagen Ihres Hundes mit einbeziehen. Aber nicht jeder Labrador ist eine Wasserratte, nicht alle Border Collies wollen hüten, nicht jeder Terrier ist von der Jagd besessen – zumindest nicht ausschließlich! Wir sollten die Bedürfnisse unserer Hunde daher nicht blind auf die ihrer Rasse reduzieren oder auf das, was in schlauen Büchern steht oder von irgendwelchen Trainern empfohlen wird, zumindest nicht, ohne uns selbst darüber Gedanken zu machen, ob etwas tatsächlich für unseren Hund in seiner Situation das Richtige ist. Bemühen Sie sich vielmehr, der individuellen Eigenart Ihres Hundes, seiner Persönlichkeit und seiner Tagesform gerecht zu werden. Ja, genau, hier ist schon wieder selbst denken gewünscht. Machen Sie mit. Es lohnt sich!

Wenn Sie Ihre Gedanken hier aufgeschrieben haben, vergleichen Sie Ihre Ergebnisse doch mal mit meinen, die in dem Schaubild auf der folgenden Seite dargestellt sind. Aber blättern Sie bitte nicht vorher zum Spicken um.

Bedürfnisse meines Hundes

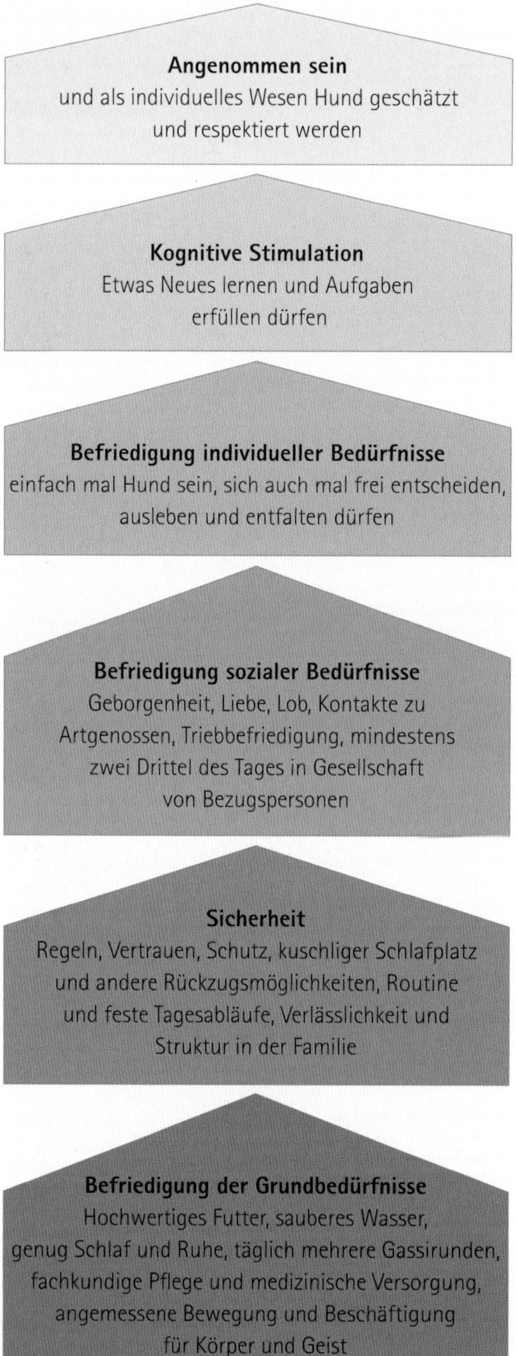

Die Bedürfnisse des Hundes.

Haben Sie geblättert? Sind Sie überrascht? Dann schauen Sie als Nächstes, wie der Vergleich zwischen den Bedürfnissen Ihres Vierbeiners und denen, die Sie weiter vorn für sich selbst aufgelistet haben, aussieht. Die Ergebnisse sind ganz ähnlich, oder?

Zum Gesund- und Glücklichsein braucht ein Hund mehr als einen vollen Napf und eine bunte Decke (auch wenn das sicher ein guter Anfang ist). Die Bedürfnis„pyramide" vor allem im oberen Bereich mit Leben zu erfüllen, sie auf Ihren Alltag und das Zusammenleben mit Ihrem Hund anzupassen, das bedeutet viel Arbeit und braucht viel Zeit! Ich weiß. Und ich weiß, dass Sie das auch wissen.

Arbeit haben wir meistens mehr, als uns lieb ist, Zeit umso weniger. Das Gute ist aber: Sie müssen nicht alles perfekt machen, schon gar nicht von Anfang an. Das wäre erstens langweilig, zweitens nicht mehr ausbaufähig und drittens komplett unrealistisch. Aber bedenken Sie: Was für Sie eine Kleinigkeit sein mag, die Sie relativ leicht ändern können, das ist vielleicht etwas ganz Großes für Ihren Hund. Und vor allem ist es ein Anfang.

Albert Schweitzer sagte mal: „Die größte Entscheidung deines Lebens liegt darin, dass du dein Leben ändern kannst, indem du deine Geisteshaltung änderst." Also raus aus der Komfortzone und frisch ans Werk!

Nur wo beginnen? Das Einzige, was Sie brauchen, um das herauszufinden, ist

Ihre Empathie, also Ihr Einfühlungsvermögen. Und das ist uns allen in die Wiege gelegt, sofern wir nicht an einer schweren, behandlungsbedürftigen psychischen Störung leiden.

Durch die Brille des Hundes schauen

> *„Du kannst nicht in deiner Ecke des Waldes bleiben und erwarten, dass die andern dich besuchen. Du musst auch manchmal zu ihnen gehen."*
>
> *(A. A. Milne, Pu der Bär)*

Ach, wenn mein Hund doch reden und mir sagen könnte, was er sich wünscht. Kann er ja, macht er täglich – Sie hören nur nicht zu. Nicht so zumindest, wie Sie es könnten, wenn Sie die eigene Brille einen Moment lang abnehmen würden: Versetzen Sie sich doch einfach mal in Ihren Hund hinein! Das meine ich ganz wörtlich. Unser Blick ist verstellt durch die subjektive Menschenperspektive – auch wieder logisch, denn aus welchen Augen sollten wir denn die Welt betrachten, wenn nicht aus unseren eigenen? Allerdings sehen wir auf diese Weise nur aus diesem einen, immer gleichen Blickwinkel, was geschieht. Ich schlage einen Perspektivwechsel vor. Das ist es, was uns weiterbringt, damit wir nicht betriebsblind werden. Betrachten Sie also die Welt zur Abwechslung mal aus der Perspektive Ihres Hundes.

Haben Sie sich schon einmal überlegt, wie es sich anfühlen muss, wenn man ein Zwerg ist inmitten von Riesen? Stellen Sie sich vor, Sie wären nur 30 Zentimeter groß und müssten in einem engen, überfüllten Aufzug fahren – vollgestopft mit Kinderwagen, Aktentaschenträgern, Einkaufstütenschleppern, Kindern mit tropfender Eiskrem in der Hand, und eine besorgte Mutter, die Sie mit bösem Blick zu fixieren versucht, ist auch dabei. Der Rest der Mannschaft ignoriert Sie komplett. Ständig laufen Sie Gefahr, dass jemand Sie anrempelt oder mit klobig beschuhten Riesenfüßen auf Ihre zarten Zwergenzehen tritt. Diese Leute sehen Sie wirklich nicht! Für die sind Sie unsichtbar (abgesehen von besagter Übermutter, die Ihnen auch nicht ein einziges Tröpfchen Eis gönnt). Ständig bekommen Sie irgendwelche Knuffs von Tüten, Beinen oder Koffern. Dazu kommen ein Lärm- und Geruchspegel, die sich gewaschen haben und Ihre zarten Ohren und die feine Nase bis zur Schmerzgrenze überreizen – weil **alle** in dieser engen Box viel zu viel Aftershave und Parfüm benutzen. Die Fahrstuhlmusik dröhnt wie in einer Großraumdisko. Und als wäre das noch nicht genug, tragen Sie um den Hals einen Lederriemen, der Ihnen bei jeder Bewegung ruckartig und schmerzhaft gegen die Kehle drückt … eine Horrorvorstellung, oder?

Wenn Sie meinen, ich übertreibe, probieren Sie's mal aus: Fahren Sie in einem vollen Fahrstuhl und binden Sie sich mitten im Getümmel kurz beide Schnürsenkel neu. Bleiben Sie dazu zwanzig Sekunden lang unten. Ganz ehrlich, mir treibt das den Schweiß auf die Stirn, schon beim Gedankenspiel.

Erst kürzlich habe ich meine Hündin mal wieder für ihre stoische Gelassenheit bewundert.

Eine Horde von zehn Mädchen fiel in unseren Windfang ein, in dem sie sich gerade für ein Nickerchen zusammengerollt hatte. An 20 Teenagerfüßen wurden auf fünf Quadratmetern die Schuhe gewechselt, Schulranzen wurden abgestellt, und die Mädchen kletterten kichernd und schnatternd über meine Hündin und um sie herum; sie blieb tapfer und gelassen liegen, bis es ihr irgendwann offensichtlich reichte. Dann nutzte sie eine Lücke im Gewusel und verschwand in die angrenzende Diele. Diese Möglichkeit haben unsere Vierbeiner aber nicht immer.

Im Alltag begegne ich Hunden, die am nächsten Laternenpfahl angebunden werden, damit Frauchen direkt danebenstehend bequemer quatschen kann. Dabei bemerkt sie gar nicht, wie sich ihr Vierbeiner beim Zerren halb stranguliert, wenn ein potenzieller Spielgefährte vorbeikommt. Ich habe von einem Fall gelesen, wo man bei der Autopsie eines Rüden nur zufällig bemerkte, dass sein ganzes Ohr mit einem Tacker malträtiert worden war. Dieser Hund war auf dem Fuße eingeschläfert worden, weil er das unbeaufsichtigt (mit dem Tacker) spielende Kleinkind (wohl in höchster Not) gekniffen hatte. Das beschämte Gefühl der Eltern kam leider zu spät. Und dann sind da noch die beiden Afghanischen Windhunde, die in ihrem Leben noch nie den gepflasterten Hofbereich verlassen durften (außer zu Tierarztbesuchen), weil sie sich schmutzig machen könnten. Dagegen geht mir das Herz auf, wenn ich sehe, wie die Besitzer eines wuscheligen „Rasse-Flokatis" bei uns im Dorf sommers wie winters und bei jedem Wetter stundenlang gemeinsam mit ihrem Hund durch Feld und Wald wuseln. Hinterher wird dann eben mit Engelsgeduld und ganz vorsichtig das Fell entklettet, gekämmt und zur Not gewaschen. Was die beiden Afghanen wohl vorziehen würden? Nicht zu vergessen sind auch all diejenigen, für die ihre immer gleichen Gassirunden irgendwann zum langweiligen Pflichtprogramm geworden sind. Die einen schaffen es grade mal bis zur nächsten Ecke, damit der Haufen nicht auf dem eigenen Grundstück landet – und nicht alle haben eine Mülltüte dabei, sehr viele allerdings ein Smartphone. Manche gehen damit durchaus bis hinaus in die Feldmark. Andere radeln sogar, wobei der Hund meist völlig allein gelassen 50 Meter vorneweg oder hintendran läuft. Weil er nicht mitchatten kann, beschäftigt er sich auf seine Weise. Manchmal bemerkt der Mensch das sogar – irgendwann. Die pfiffigen Autofahrer haben ihren Hund zumindest im

Aus Hundesicht sieht die Welt völlig anders aus.

Rückspiegelblick, wenn sie ihn hinter dem Wagen herrennen lassen, damit er „sich endlich mal auspowern kann", bevor sie ihre Fahrt verlangsamen, um das arme Tier wieder in den Kofferraum springen zu lassen und es damit zumindest für den Moment von der Angst befreien, ausgesetzt zu werden. Ist das zynisch? Ja. Ich gelobe Besserung.

ACHTSAMKEIT – MAL ANDERS SPAZIEREN GEHEN

Im Internet habe ich vor einiger Zeit ein kurzes Video gesehen, das mich erst zum Schmunzeln gebracht und dann sehr nachdenklich gestimmt hat: Ein Mann führt eine Frau bei einem Stadtspaziergang am Ellbogen herum – und behandelt sie genauso, wie viele Leute ihren Hund beim Gassigehen behandeln. Sie sieht etwas Interessantes im Schaufenster, er zerrt sie weiter. Sie will nach links, er drängt sie nach rechts. Sie trifft eine Bekannte, er lässt keinen Kontakt zu. Einer seiner Freunde tätschelt die Frau am Kopf. Dieser ist das sichtlich unangenehm, doch ihr Begleiter bemerkt das nicht einmal und rügt sie sogar, als sie faucht. Sie muss stillstehen, wenn er das will, weitergehen, wenn er sie dazu auffordert …

Probieren Sie mal mit einem Freund oder einer Freundin aus, was für eine enorme Aufmerksamkeit der Geführte aufbringen muss, um auf die Signale desjenigen zu achten, der führt. Es ist wirklich anstrengend. Man muss voll bei der Sache sein, auf den anderen vertrauen, sich einlassen, seinen eigenen Film abschalten. Doch wo bleiben bei all dem die Wünsche und Bedürfnisse des Geführten – wie sehr muss er diese hintenanstellen, damit es funktioniert? Und wie wohl fühlt er sich dabei?

Bei meinem nächsten Hundespaziergang habe ich die Probe aufs Exempel gemacht: Wie oft ziehe ich an der Leine, weil mir langweilig wird, mir das Schnuppern meiner Hündin zu lange dauert? Wo verläuft meine ureigene Grenze zwischen kommandieren und lenken? Zwischen gängeln und führen? Wo beginnt mein Machtmissbrauch? Wie oft drücke ich meiner Hündin meinen Willen auf, wo es gar nicht nötig ist? Aus Achtlosigkeit, aus Frust, aus Eile? Oder einfach: weil ich der Mensch bin ... weil ich es kann ... Wie lange bin ich während eines Spaziergangs, den ich für den Hund unternehme, mit meiner Aufmerksamkeit tatsächlich beim Tier? Und wie viel Zeit widme ich ihm auf den Tag hochgerechnet?

Machen Sie all diese Fragen auch sehr nachdenklich?

Ich habe den Spieß umgedreht und mich bemüht, meinem Hund die Entscheidung zu überlassen, wie lange geschnuppert wird, wann wir weitergehen. Das war anstrengend! Ich musste mich enorm konzentrieren. Und ich habe festgestellt: Es erdet ganz wunderbar. Weil es so herrlich entschleunigt. Weil ich mit meiner Aufmerksamkeit ganz beim Tier bin.

An diesem Tag haben wir uns gegenseitig etwas sehr Wertvolles geschenkt:

Achtsamkeit.

Ich kann diese kleine (Gedulds)-Übung nur empfehlen.

Was ich noch daraus gelernt habe: Nicht alles, was ich tue oder lasse, tue oder lasse ich zum Wohle meines Hundes. Ziemlich oft bin ich einfach nur die Bestimmerin, weil ich es so gewohnt bin – und nicht, weil es einen pädagogischen Zweck erfüllt. Eigentlich ziemlich peinlich, oder? Wenn meine Tochter so einen Lehrer hätte, würde ich auf die Barrikaden gehen.

Bedenken Sie: Wir reden hier nicht vom notwendigen Grundgehorsam. Natürlich darf auch mein Hund mich nicht an der Leine herumzerren und hinter sich herschleifen, bloß weil ich nicht schnell genug bin, weil er da vorn eine Krähe oder einen Artgenossen erspäht hat oder weil es da hinten im Gebüsch so faszinierend riecht. Wir rennen auch keine alten Damen um und wir nehmen Rücksicht auf Kinder und auf Menschen, die Angst vor dem wilden Temperament des Hundes haben. Egal, ob sie joggen oder nicht. Das gehört sich so. Erziehung muss sein.

Aber: Ich habe mir und meinem Hund gelobt, mich öfter in ihn hineinzuver-

Jeder Hund sollte, auch an der Leine, gewisse Freiheiten haben und zum Beispiel interessante Gerüche erkunden dürfen.

setzen, mich einzuspüren, zu fühlen, was er möchte. Ich werde prüfen, ob ich alles tue, was ich kann, damit er sich in meiner Gesellschaft, in unserer Beziehung, in unserem Mensch-Hund-„Rudel" wohlfühlt. Das verstehe ich unter meiner Verantwortung für sein Hundeglück an meiner Seite. Vom ersten Moment an – bis zum allerletzten. Auf diese Weise hoffe ich, ihm ein klein wenig zurückzugeben für all die bedingungslose Treue, die er mir entgegenbringt.

Ihnen gefällt die Idee? Dann fangen wir gleich an. Es ist gar nicht schwer. Lassen Sie sich einfach darauf ein, und schon sind Sie mittendrin.

Die folgende Übung mache ich ab und zu mit Grundschulkindern, die sich für Tierschutz interessieren. Es ist eine Art Zwei-Minuten-Check mit geschlossenen Augen. Ich bitte die Kinder: Stellt euch vor, ihr wärt euer Hund. Ehrlich, unvoreingenommen, Menschendenke aus. Wie nehmt ihr die Umgebung wahr? Mögt ihr euer Futter, den Auslauf, die Wohnung, die Gesellschaft, den Tagesablauf? Habt ihr Spaß? Gibt es etwas, das ihr vermisst? Ist etwas zu viel oder zu wenig vorhanden?

Die Antworten der Kinder bei diesem kleinen Experiment sind erstaunlich, weil sie unbefangen sind. Es sprudelt aus ihnen heraus: Der Fernseher ist viel zu laut für die Hundeohren, der Teppich stinkt nach Chemikalien. Der Hund möchte mehr spielen, mehr raus, aber nicht zwischen Autos, und ihm ist sooo langweilig und der Bauch tut auch noch weh.

Das hat nichts mit Vermenschlichung zu tun, es geht einzig und allein um ein ehrliches Sich-Hineinversetzen und dadurch auch Dinge zu hinterfragen, die wir routiniert tun, weil alle sie tun. Wenn ich für mich selbst auf gute Ernährung achte, warum schaue ich bei der Wahl des Hundefutters nicht auch aufs Kleingedruckte? (Oder umgekehrt!) Wenn für mich nur Homöopathie infrage kommt – warum komme ich nach so manchem Tierarztbesuch mit einem Antibiotikum nach Hause?

Schalten Sie den Kopf aus und fühlen Sie! Schalten Sie Ihr Bauchgehirn ein!

Dabei hilft Ihnen auch die folgende Übung, eine kleine, experimentelle Gedankenreise. Je öfter Sie diese Reise machen, desto leichter wird es Ihnen fallen, umzudenken – und umzufühlen. Tauchen Sie ein!

Gedankenreise:
Wenn ich mein Hund wäre

Setz dich bequem hin, mach es dir gemütlich, lehn dich ruhig an. Schließ die Augen und beobachte dich selbst dabei, wie du regelmäßig und entspannt ein- und ausatmest. Richte deine Aufmerksamkeit mit jedem Atemzug mehr nach innen.

Stell dir nun deinen Hund vor. Geh gedanklich ganz nah ran. Betrachte die Welt aus seinen Augen. Lade deinen Hund ein, deinen Körper zu benutzen, in dich einzutauchen. Stell dich zur Verfügung. So kann er durch deine Augen sehen und du durch seine. Ihr verschmelzt, du fühlst dich wie er. Du hast vier Pfoten, gute Ohren, eine hervorragende Nase. Wie ist es, Hund zu sein? Nimm einfach nur wahr und schau dich um.

Befindest du dich drinnen oder draußen? Welche Tageszeit ist es? Was machst du gerade? Hast du dich eingekuschelt? Wie fühlt sich dein Schlafplatz an? Ist er warm, kalt, weich, hart? Ist er genau richtig oder gibt es etwas, das zu verbessern wäre – der Ort, das Material?

Du bist dein Hund. Löse dich aus der Menschenperspektive, tauche ganz in die Wahrnehmungswelt des Hundes ein. Übernimm seine Perspektive. Gefällt dir, was du siehst? Fühlst du dich wohl in deiner Umgebung? Was macht dir Spaß? Woran hast du Freude? Was macht dir Angst? Was magst du gar nicht? Sieh dich um, spüre.

Betrachte deinen Futternapf, deine Wasserschüssel. Bist du hungrig oder satt? Schmeckt dir, was man dir vorsetzt? Ist es genug? Magst du das Wasser? Ist es immer frisch?

Wie fühlst du dich in deinem Fell? Was für Einzelheiten fallen dir auf? Tut dir etwas weh? Zwickt es irgendwo?

Spüre hin. Bewerte nicht, nimm einfach nur auf. Fühle! Sind die Tagesabläufe gut für dich? Hast du eine feste Position in deinem Rudel – weißt du, wo du hingehörst?

Hast du genug Platz, genug Abwechslung? Kennst du Langeweile und wie gehst du damit um? Wie sieht ein typischer Tag in deinem Hundeleben aus? Nimmt man sich genügend Zeit für dich? Sind Herrchen oder Frauchen in Gedanken bei dir, wenn ihr zusammen rausgeht? Kannst du ihre Aufmerksamkeit wahrnehmen? Fühlst du dich geliebt und verstanden? Hast du ausreichend Rückzugsmöglichkeiten? Oder ist es dir zu laut? Hast du genug Gelegenheit zum Spielen, Toben, Schlafen? Kannst du dich frei entfalten? Regelmäßig einfach du sein? Hund sein? Bist du manchmal überfordert? Womit? Was belastet dich? Antworte ganz spontan …

Hast du eine Aufgabe? Gefällt sie dir? Fühlst du dich wohl? Sieh dich um. Sieh dir deine Wohnung an, dein Revier, deine Familie. Triffst du vierbeinige Freunde? Wie ist das für dich? Welche Möglichkeiten hast du?

Was geht dir durch den Kopf, wenn du dich und deine Menschen, dein Hundeleben betrachtest? Nimm dir Zeit …

Und wenn sich der Zeitpunkt richtig anfühlt, spüre wieder bewusst deinen Menschenkörper. Deine Beine, deine Füße, nimm Kontakt mit dem Boden auf. Atme tief durch und komm ganz zu dir zurück. Atme ein paarmal tief durch und öffne dann die Augen.

- -

Bestimmt gibt es nun noch das ein oder andere, um das Sie die bereits erstellte Liste zu den Bedürfnissen Ihres Hundes ergänzen möchten. Sie brauchen jetzt nicht zurückzublättern. In der Liste auf dieser Doppelseite ist Platz für all die Dinge, die Ihr Hund sich wünscht, und außerdem für Ihre Einschätzung, wie es um die Erfüllung dieser Wünsche bestellt ist.

Mein Hund wünscht sich	Erfülle ich sofort	Erfülle ich bald	Dafür habe ich noch keine Lösung

Was läuft da schief?

*„Flüsse wissen, wohin sie fließen.
Sie sagen sich: „Es eilt nicht.
Eines Tages kommen wir an."*

(A. A. Milne, Pu der Bär)

Aha – ertappt! Da gibt es also eine Schieflage, eine Diskrepanz zwischen dem, was Ihr Hund will, und dem, was Ihr Alltag hergibt, richtig?

Oder falsch? Alles paletti? Und Sie waren auch ganz ehrlich zu sich selbst? Sie schauen Ihrem seelenverwandten Vierbeiner tief in die treuen Hundeaugen und bleiben bei diesem Super-Resümee? Sie werden auch nicht rot, wenn Sie in den Spiegel sehen? Na, dann herzlichen Glückwunsch! Sie sind ein ganz seltenes Exemplar: ein glücklicher Mensch, der dieses Buch liest, während ihm sein mindestens ebenso glücklicher Hund vermutlich treu zu Füßen liegt. Schreiben Sie mich an, geben Sie mir Ihre Telefonnummer, damit ich mir eine Scheibe von Ihnen abschneiden kann! Mir gelingt es nämlich nicht immer, alles richtig zu machen. Ich arbeite daran. Täglich aufs Neue und mal mehr, mal weniger erfolgreich. Mein Hund hält zum Glück trotzdem zu mir – oder erst recht. Das ist wohl das Leben. Dran bleiben, nicht verzagen, weitermachen. So lese ich es dann im Hundeblick meines vierbeinigen Gefährten.

Und manchmal auch Verwunderung darüber, dass wir Menschen immer so furchtbar schnell ins Grübeln, Hadern und Verzweifeln rutschen. Es ist dieses „Stolpern, Hinfallen, Krönchen richten, Weitergehen", das wir von unseren Hunden lernen können wie von niemandem sonst. Das ist wunderbar. Sie stellen sich nicht andauernd infrage. Sie leben im Augenblick, im Hier und Jetzt – erklärtes Ziel fernöstlicher Betrachtungsweisen. Um das zu erreichen, müssen viele Menschen ziemlich lange meditieren ...

DARF MEIN HUND SICH ALLES VON MIR WÜNSCHEN?

„Hier steh ich nun, ich armer Tor, und bin so klug als wie zuvor." So ging es schon Goethes Faust und auch der ist an des Pudels Kern verzweifelt.

Müssen/können wir unseren vierbeinigen Lebensabschnittsgefährten jeden Wunsch erfüllen? Nein, auf keinen Fall. Auch da ist es wie bei uns Menschen: Wird uns jeder Wunsch erfüllt, sind wir deswegen noch lange nicht glücklicher oder gesünder. Bitte nicht Wünsche und Bedürfnisse verwechseln!

Wir sind keine Wunscherfüllungsmaschinen und sollen das auch gar nicht werden. Aber wir sollten uns der Herausforderung stellen, genau hinzuschauen, und dabei bitte immer ehrlich zu uns selbst bleiben: Was kann ich tatsächlich nicht ändern und wo steht mir stur und unbeweglich mein innerer Schweinehund im Weg? Wo habe ich als Mensch

Wir sollten uns der Herausforderung stellen, genau hinzuschauen, um die wirklichen Bedürfnisse unserer Hunde zu erkennen.

zu menschlich gedacht und mich – bisher – zu wenig in meinen vierbeinigen Gefährten hineinversetzt, zu wenig auf das geachtet, was er tatsächlich braucht? Vielleicht weiß ich auch schlicht zu wenig über seine Grenzen, seine Möglichkeiten und seine Wohlfühlzonen?

Ganz klar, wenn Waldi sich fünf Kilo Pansen wünscht, dürfen und müssen wir als Mensch Nein sagen. Natürlich darf Waldi auch nicht unkontrolliert durch den Wald sausen oder jeden Fuchsbau erobern – der nächste könnte sein letzter sein. Als Menschen und Hundehalter haben wir eine Verantwortung. Wir haben den größeren Vorderhirnlappen, in dem das logische Denken stattfindet – oder stattfinden sollte. Dem gesunden Menschenverstand sind wir ebenso verpflichtet wie dem Hundeglück, und da lässt sich eine gute Balance finden.

Immer wieder begegnen mir in meiner Praxis aber Schicksale, wo sich Menschen so sehr selbst im Weg stehen, dass es ihre Gesundheit und die ihres Hundes gefährdet.

Da bemüht sich Frauchen nach Kräften, wirklich alles für den Hund zu tun. Sie kauft für ihn das teuerste Futter, zahllose Kurse werden besucht, die Fellnase hat den schicksten Korb von allen, für genügend Auslauf und Bespaßung ist gesorgt, regelmäßige Tierarztchecks sind selbstverständlich … und trotzdem wird der Vierbeiner krank, psychisch oder physisch, und zeigt irgendwelche Verhaltensauffälligkeiten. Der eine nagt sich das Fell von der Haut, ein anderer liegt stumpfsinnig in der Ecke. Ein dritter nimmt jede rohe Kartoffel mit, die auf irgendeinem Acker liegt, jeden Katzendreck und jedes ausgespuckte Bonbon und würgt sich zu Hause die Seele aus dem Leib, um es mal ganz deutlich zu formulieren.

HUNDEGERECHTE FÜTTERUNG – NICHT JEDES FEHLVERHALTEN IST EINE UNART

Manchmal sehen wir den Wald vor lauter Bäumen nicht.

Greifen wir das letzte Beispiel auf: Der Hund spielt Staubsauger. Er frisst Müll, klaut vom Tisch und sammelt in freier Natur alles auf, was nicht niet- und nagelfest ist.

Möglichkeit A: Es ist ein Labrador oder er fühlt sich wie einer – das „Fressgen" ist ihm angeboren. Scherz beiseite.

Selbstverständlich hängt vieles mit der Erziehung oder Geschichte des Tieres zusammen. Ein Straßenhund aus Südeuropa wird lange Zeit brauchen, um sich umzustellen auf: Du brauchst keine Angst mehr vor dem Verhungern zu haben, wir sorgen für dich. Mit Training und Belohnung kann man in diesen Fällen ganz viel erreichen.

Aber was ist mit den Hunden, die trotz aller Konsequenz nicht von ihren schlechten Gewohnheiten lassen können? Stopp: Sind es wirklich schlechte Gewohnheiten? Manchmal machen wir es uns allzu leicht mit einem solchen Urteil. Irgendwo sitzt in den meisten von uns anscheinend so ein komischer Knopf, der uns denken lässt: Der tut das nur, um mich zu ärgern ... zu demütigen ... zu blamieren! ... Stellen Sie diesen blöden Knopf doch bitte mal auf „Aus"! Kein Hund auf dieser Welt verhält sich uns gegenüber so, wie er es tut, aus purer Niedertracht. Das werden Sie ja auch nicht ernsthaft glauben! Ein Tier hat immer einen Grund für sein Verhalten. Es ist unsere Aufgabe, diesen herauszufinden.

Am naheliegendsten sind tatsächlich Ernährungsdefizite, und doch werden gerade sie am häufigsten übersehen. Ich weiß, Sie füttern Ihrem Vierbeiner selbstverständlich nur das Beste, Erlesenste, womöglich Teuerste und lieber essen Sie trockenes Brot, als dass Ihr Liebling ...

Trotzdem möchte ich Ihnen zur Ernährung ein paar einfache Fragen stellen und Sie um ehrliche Antworten bitten: Bekommt Ihr Hund seit Jahren täglich dasselbe Futter? Wie wäre es für Sie, wenn man Ihnen immer nur Ihr Leibgericht vorsetzen würde und Sie nie etwas anderes zur Abwechslung bekämen? Ist das Futter tatsächlich so ausgewogen zusammengesetzt, dass es dem unterschiedlichen Nährstoffbedarf Ihres Hundes gerecht wird, sommers wie winters, egal, wie viel er sich bewegt? Ist wirklich alles drin? Vertrauen Sie nicht blind auf die Angaben des Herstellers, die Werbung, oder den vom Futtermittelhersteller gesponserten Tierarzt, sondern lesen Sie tatsächlich das Kleingedruckte bei den Inhaltsstoffen!

Sicher wissen Sie längst, dass das, was an erster Stelle deklariert ist, auch am meisten drin ist. Wenn es sich dabei um Getreide handelt: Finger weg! Ihr Hund ist nicht zum Körnerfresser geboren. Das löst in vielen Fällen sogar heftige Allergien aus. Richtiges Fleisch muss es sein, keine Nebenerzeugnisse wie Blasen, Gedärm und Schwartenreste. Dazu sollte noch ein kleiner Anteil Gemüse, Kräuter und Öl kommen – sonst bitte nichts. Keine Farbstoffe, keine Aromen, keine EG-Zusatzstoffe, keine Geschmacksverstärker.

Wenn man Sie vor die Wahl stellen würde, ob Sie Ihr Lieblingsessen frisch auf dem Teller oder gefriergetrocknet in handlichen Pellets mit einem Glas Wasser dazu möchten. Wofür würden Sie sich entscheiden? Entscheiden Sie in diesem Sinne auch für Ihren Hund! Die wenigsten Trockenfuttersorten auf dem Markt sind keine Mogelpackungen. In Pelletform lässt sich alles Mögliche pressen, dessen Herkunft man gar nicht kennen möchte. Und lassen Sie sich bitte

Vor die Wahl gestellt, würde wohl jeder Hund das frische Fleisch dem Trockenfutter vorziehen.

nicht weismachen, dass Trockenfutter gut für die Zähne sei. Sie ernähren sich ja auch nicht von Zahnpflegekaugummi, sondern benutzen ihn nur ab und zu. Lösen Sie doch mal Trockenfutter in Wasser auf.

Irre, was das für einen Klumpen gibt. Und dieser Klumpen liegt dann in Fellnases Magen und muss verstoffwechselt werden …

Wie man seinen Hund ernährt, ist nicht nur Geschmacks-, sondern auch Glaubenssache. Da will ich Ihnen auch überhaupt nicht hineinreden: Barfen Sie, wenn Sie mögen und Ihr Hund es verträgt, kochen Sie selbst, füttern Sie aus der Dose, Schale, Tüte – aber bitte wechseln Sie ab und schalten Sie Ihren gesunden Menschenverstand ein: Was fressen Kaniden in der Natur? Ist in der Dose ein ausreichender Fleischanteil (das sind mindestens 60 Prozent, keine vier) und ist der Inhalt wirklich frei von Süßungsmitteln? Wie sieht das Fell Ihres Hundes aus, wie die Zähne, wie ist es um seine Verdauung bestellt? (Hier geht es übrigens nicht um die größten Haufen – im Gegenteil: Riesenhaufen sprechen für viel überflüssigen, nicht verdaubaren Ballast, also billiges Füllmaterial der Futterindustrie.) Lassen Sie ab und an auch mal die Blutwerte auf hinreichende Versorgung mit Vitaminen und Spurenelementen überprüfen.

Mir fällt auf, dass Hunde oft (jahreszeitlich bedingt) vor und nach dem Winter Kot und Erde fressen. Anscheinend holen sie sich dadurch irgendetwas, was

Fühlen wir selbst uns nicht wohl, ist es wenig verwunderlich, wenn es dem Hund ähnlich geht.

ihnen in der Nahrung zu Hause fehlt. Falls dieses Verhalten nicht nach kurzer Zeit von allein aufhört, sollte abgeklärt werden, ob es krankheitsbedingt ist. Kotfressen kann ein Hinweis auf einen Mineralienmangel, Kokzidien (gut behandelbarer Befall mit einzelligen Parasiten) oder Bauchspeicheldrüsenprobleme sein – und irgendwann wird es dann zur Gewohnheit.

Sollten Sie Ihren Hund aus persönlicher Überzeugung unbedingt vegan ernähren wollen – bitteschön. Ich kenne vegan lebende Spitzensportler, die vor Gesundheit strotzen und mit Muskeln bepackt sind. Diese Menschen achten allerdings minutiös auf ihre Ernährung, um nur ja keine Defizite zu haben. Das sollten Sie bei veganer Ernährung für Ihren Hund dann bitte auch tun.

Generell wage ich zu bezweifeln, dass es möglich ist, sich oder einen Hund mit Fertigprodukten aus dem Supermarkt so ausgewogen zu ernähren, dass man ohne Mangelerscheinungen und Zivilisationskrankheiten uralt wird. Ganz abgesehen von der Frage, welche Qualität wohl ein Ultrabilligfleischprodukt haben kann und welches Tierleid wir da gleich mitessen beziehungsweise mitverfüttern ...

Der zugegeben höhere Preis für eine gute Ernährung rechnet sich langfristig: Was den Hund betrifft, spart es gewaltig Tierarztkosten und bringt eine hohe Lebensqualität, auch noch in einem Alter, das andere Hunde gar nicht erst erreichen – behaupte ich einfach mal so.

ARTGERECHTE HALTUNG VON HUND UND MENSCH

Ich bin mir sicher, dass Sie die eine oder andere Optimierungsmöglichkeit gefunden haben, als Sie auf Ihrer Gedankenreise die Welt bei sich zu Hause aus den Augen Ihrer Fellnase betrachtet haben.

Höchstwahrscheinlich hält keiner von Ihnen eine dänische Dogge in der Einzimmerwohnung im elften Stock eines Hochhauses, lässt sie dort 13 Stunden am Tag allein und wundert sich dann, wieso „das Vieh" schon wieder das Sofa zerlegt hat. Sie schleppen auch keinen Chihuahua im Designerhandtäschchen durch klimatisierte Boutiquen und kreischen los, weil es aus der Gucci oder Prada plötzlich tröpfelt und unangenehm riecht. Selbstverständlich gehören Sie auch nicht zu den bereits Erwähnten mit der ewig gleichen eintönigen Gassirunde, Handy am Ohr und Musik in den Ohrstöpseln – und Sie lassen Ihren Hund nicht neben dem Auto herrennen, bis er nicht mehr kann, weil er doch Bewegung braucht ...

Sie halten Ihren Hund also hundegerecht und Sie haben ihm gegenüber auch die richtige Einstellung. Aber halten Sie sich selbst artgerecht?

Was mich das angeht? Nichts.
Warum ich das dennoch wissen will?

Weil ich an dieser Stelle sozusagen die Dolmetscherin für Ihren Hund sein soll und möchte. Und den interessiert das ziemlich stark.

Denn es wirkt sich direkt auf ihn aus. Je glücklicher und zufriedener Sie sind, desto besser geht es auch ihm.

Wenn es nun also ein Problem gibt, aber alle körperlichen Ursachen ausgeschlossen sind, ebenso wie Ernährungsfehler, Allergien, Erziehungsdefizite, Bewegungsmangel, kurz alles, was wir mithilfe der Bedürfnispyramide ergründen können – dann bleibt ... die Resonanz.

Dazu gleich ein prägendes Erlebnis von meiner Bekannten Nadja aus der Schweiz:

„Meine beiden Hunde, mein Mann und ich, wir alle fühlten uns eingeengt in unserer viel zu kleinen Wohnung oben am Berg. Kein Keller, kein Dachboden – alles reingestopft auf zu wenigen Quadratmetern … Außerdem hatten wir im Winter oft Probleme, nach der Arbeit im Tal wieder nach Hause zu kommen oder morgens heil vom Berg runter zur Arbeit. Dann waren die Straßen kriminell glatt und schlecht vom Schnee befreit, sodass wir mit Angst unterwegs waren. Für mich wurde die Situation immer unerträglicher. Das merkten auch meine beiden Hunde. Mailo pinkelte regelmäßig in die Wohnung – für mich ein Zeichen, dass es ihn sprichwörtlich „anpisste“ da zu wohnen, genau wie mich. Und Sonic verschlang sein Fressen und konnte nie genug bekommen! Regelrechtes Frustfressen von Mengen, die er häufig nicht richtig verdauen konnte. Ihm lag die Situation schwer im Magen.

Lange waren wir verzweifelt auf der Suche nach einem Häuschen, aber irgendwie lief immer wieder alles schief. Nichts wollte klappen … Irgendwann machte es bei mir „klick“ und ich habe losgelassen. Ich dachte mir: Wenn das alles nichts geworden ist, dann kommt bestimmt was noch Besseres. Und prompt traf das ein: Nach zirka eineinhalb Jahren fanden wir endlich ein Häuschen für uns vier. Ganz in der Nähe, traumhaft gelegen im Tal, mit Riesengarten, komplett umzäunt. Es war einfach perfekt für uns!

Seit dem Tag, als wir in das neue Haus eingezogen sind, ist Mailo nur noch einmal ein Missgeschick passiert – da war ich aber selbst schuld. Er versuchte mich nachts zu wecken, weil er raus musste, und ich habe einfach weitergeschlafen … kann ja mal vorkommen. Und Sonic genießt die viele Bewegung im Garten! Er hat ordentlich abgenommen und ist seit dem Umzug auch nicht mehr so verfressen. Die beiden sind richtig aufgeblüht. Es ist einfach schön zu sehen, wie zwei elfjährige Hunde durch einen Umzug gleich um Jahre jünger werden! Da geht mir das Herz auf! Ich hoffe, dass wir die Zeit mit unseren Lieblingen noch viele Jahre genießen können und sie gesund und glücklich alt werden!“

Viele von uns strampeln täglich in ihrem Hamsterrad und haben das Gefühl für die schönen Dinge des Lebens, für den Spaß und die Freude daran verloren. Wenn Sie selbst sich in diesem Zustand befinden, kann sich auch Ihr Hund nicht wohlfühlen, denn dieser negativen Energie kann er sich nicht entziehen. Erst wenn Sie es schaffen, den Teufelskreis für sich zu durchbrechen, kann sich auch Ihr Umfeld positiv verändern.

Wollen Sie noch eine ganz berührende Geschichte lesen? Hier kommt sie: Die Australian-Shepherd-Hündin Sunshine hat ihrem Frauchen das Leben gerettet – und das gleich mehrfach, aber bestimmt ganz anders, als Sie jetzt denken. Ihr damals noch künftiges Frauchen erkrankte im Mai 2011 an der lebensbedrohlichen EHEC-Komplikation, dem HUS-Syndrom, lag vier Wochen auf der Intensivstation

Die Wünsche von Mensch und Hund sind gar nicht so verschieden – mehr Freiraum könnte einer davon sein.

und bekam täglich Dialyse. Rückblickend sagt Sunshines Frauchen:

„Heute glaube ich, dass ich mich in einer unglücklichen Ehe enormem Stress ausgesetzt habe, ohne dass es mir selbst wirklich klar war. Deshalb war mein Immunsystem so anfällig und ich bekam diese Infektion in stark ausgeprägter Form. Sie zu überstehen war, als wäre mir ein zweites, neues Leben geschenkt worden. Das wollte ich nutzen und Schritt für Schritt lernen, gut für mich zu sorgen. Dazu gehörte, dass ich meine alte Wohnung nicht mehr betrat, außer um für den Umzug einzupacken. Mir war darüber hinaus klar: Wenn ich wieder auf die Beine kommen will, brauche ich einen Hund. Ich dachte an einen alten Hund, vielleicht einen, den niemand mehr wollte. Doch am ersten Tag auf der Normalstation besuchte mich meine Freundin, eine Hundezüchterin, und brachte ein Ultraschallbild von ihrer Hündin Tina mit. Im Wurf kamen zwei Mädchen zur Welt. Eins behielt die Züchterin, das andere sollte mein Welpe werden. Das gab mir Kraft. Als Sunshine geboren wurde, war ich noch enorm schwach. Aber allein das Wissen, dass heute mein erster „eigener" Hund geboren

worden war, hat mich am fünften Tag in der Reha auf dem Belastungs-EKG zu Höchstleistungen gebracht. Ich konnte bis dahin kaum eine Treppenetage im Schneckentempo gehen. An dem Tag konnte ich zwei Minuten lang 100 Watt halten, das habe ich danach monatelang nicht mehr geschafft. Allerdings habe ich schon durch kleinste Anstrengungen (Hockergymnastik) täglich abgenommen, bis runter auf 53 Kilo. Ich konnte nicht genug essen, um den Kräfteverbrauch aufzufangen. Für alles hat die Kraft gefehlt, obwohl es mir recht gut ging.

Ich denke, die meisten hätten nach so einem intensiven Einschnitt durch eine derartige Krankheit so schnell wie möglich wieder ihr altes Leben aufnehmen wollen. Doch ich hatte kein altes Leben mehr. Alles war weg, die Tür dahin hatte ich selbst zugeschlagen, die neue hatte sich erst einen Spaltbreit geöffnet. Vielleicht mag man es nicht verstehen, doch loslassen und einfach friedlich sterben war für mich ein paar Tage lang auf der Intensivstation auch eine willkommene Lösung. Möglicherweise hielt mich nur der Gedanke an die meinen Welpen tragende Hündin unter den Lebenden.

Und was hat der Babyhund getan? Sunshine kam mit einem normalen Geburtsgewicht von 240 Gramm auf die Welt. Doch dann nahm sie auf 200 Gramm ab und wollte einfach nicht wieder zunehmen. Über eine Woche lang hielt das an. Tina war eine erfahrene Mutter, die die kleinsten Welpen immer an die dicken Zitzen schubste. Doch Sunshine war mit Schlafen zufrieden und stellte das Trinken fast vollständig ein. Ich habe davon erst später erfahren, denn man wollte mich nicht beunruhigen. Die Situation war wohl hochdramatisch, und die Züchterin bestellte sogar spezielle Hundemilch. Zeitgleich, als ich wieder begann zuzunehmen, fing auch die kleine Sunshine wieder zu saugen an und ihr Gewicht stieg ebenfalls."

Gedankenreise:
Wie sieht mich mein Hund?
Bin ich glücklich?

Du kennst das schon. Setz dich bequem hin, schließ die Augen. Nimm ein paar tiefe Atemzüge und stell dir vor, du würdest einmal mehr aus Hundeperspektive in die Welt schauen.

Aber nun schaust du dich selbst aus Sicht des Hundes an. Von außen quasi. Du als Hund betrachtest dich, den Menschen – deinen Teampartner, deinen Gefährten.

Wenn dein Hund reden könnte, was würde er dir raten für dein Leben, so wie es jetzt gerade läuft? Bist du tatsächlich glücklich mit den äußeren Umständen? Fühlst du dich wohl in dieser Wohnung? Was ist mit deinem Job? Füllt er dich aus? Gehst du fröhlich hin und kommst stressfrei wieder nach Hause? Wie sieht es aus mit deiner Freizeit, deinem sozialen Umfeld, deiner Beziehung oder deinem Singlesein? Wie ist es mit deiner Ernährung? Hast du genug Schlaf?

Noch ein Perspektivwechsel: Der Blick des Hundes auf den Menschen fügt dem Gesamtbild einen neuen, erhellenden Aspekt hinzu.

Genug Ausgleich? Oder sind da zu viele Sorgen? Fühlst du dich gesund, geliebt, wohl in deiner Haut?

Bist du mit allem zufrieden? Was hättest du gern anders? Und was kannst du selbst dazu beitragen, dass es tatsächlich anders wird?

Wenn du genug Eindrücke, Informationen und Ideen gesammelt hast, richte deine Aufmerksamkeit zurück auf deine Atmung. Atme ein paarmal ganz bewusst tief ein und aus, wackle mit den Zehen, bewege die Finger und öffne die Augen wieder.

Sie brauchen sich nicht zu schämen, wenn Sie sich jetzt erst einmal die Nase putzen müssen. Der Blick in den Spiegel, die ungeschminkte Wahrheit, das kann manchmal schon ein bisschen wehtun. Es ist berührend – und es ist gleichzeitig auch heilsam.

Damit Sie's nicht vergessen, finden Sie auf der folgenden Seite noch mal ein bisschen Raum für Notizen zu Ihren Erkenntnissen über sich selbst und die eine oder andere Lebens(-not-)lüge, die Sie nun vielleicht erkannt haben. Was Sie anschließend daraus machen können, schauen wir uns im nächsten Schritt an.

Hausaufgaben für mich selbst

DIE ANDEREN SIND SCHULD!?

Wenn das alle machen würden!
Was sollen die Nachbarn sagen?
Aber das kann ich nun wirklich nicht ändern, das liegt ja nicht an mir …

Kommt Ihnen einer dieser Sätze vertraut vor? Manchmal haben wir das Gefühl, dass uns äußere Umstände gefangen halten. Doch das tun sie nicht. Es ist nur die fade Entschuldigung einer feigen Stimme in unserem Unterbewusstsein, die nicht möchte, dass wir uns aus unserer Komfortzone herausbewegen. Sie gehört unserem Ego. Das ist ein ganz verwöhnter, verweichlichter Knilch. Seine Lieblingsbeschäftigungen sind faule Ausreden erfinden und jammern. Das kann es hervorragend. Jammern ist einfacher als aufstehen und etwas verändern. Denn in dem Moment, wo wir uns nicht mehr zum Opfer der Umstände degradieren, müssen wir Verantwortung übernehmen – für unser Leben, für jede unserer Handlungen, für uns selbst. Denn alles, was wir tun – und lassen! – hat Konsequenzen. Im Zweifel die, dass es uns besser geht, auch wenn der Weg dahin nicht immer mit Rosenblättern und Hundekeksen bestreut ist.

Ich habe ein Buch in meinem Seminarraum stehen mit dem Titel „Es ist nie zu spät, eine glückliche Kindheit zu haben." Meinen Besuchern sage ich immer: Wenn man den Titel verstanden hat, braucht man es eigentlich gar nicht mehr zu lesen.

Nie werde ich das folgende Erlebnis mit einer Seminarteilnehmerin vergessen: Wir saßen in einem Kurs zusammen und ich leitete eine Meditation an. Es sollte darum gehen, überflüssigen Ballast abzuwerfen, zu entrümpeln, sich im Geist in der eigenen Wohnung umzusehen und auszusortieren, was sich überholt hatte – die Vase von der Schwiegermutter, die man sich nie selbst gekauft hätte, das Erbstück, das einfach nicht zum restlichen Stil passt, die Vorhänge, die in Studentenzeiten der letzte Schrei waren und alles Taschengeld aufgefressen haben, aber nach zwanzig Jahren reichlich zerschlissen sind … Die Teilnehmerin schlug die Augen auf und sagte: „Du, in meiner Wohnung fand ich alles schön – aber auf dem Sofa saß mein Freund und ich dachte nur: Der stört." Sie fuhr nach Hause, trennte sich – mit Schmerz, Ach und Weh und guten Gesprächen – und begegnete drei Monate später der Liebe ihres Lebens. Ihr damaliger Freund ist inzwischen übrigens auch glücklich verheiratet.

Ach ja – fast hätte ich's vergessen. Sie hatte zwar keinen Hund, aber Katzen. Und die hatten heftige Verdauungsprobleme, die nicht in den Griff zu bekommen waren. Nach der Trennung jedoch war plötzlich alles hübsch im Katzenklo und drumherum. Zufall?

Nein – logische Konsequenz!
Wenn alles nur immer so einfach wäre …

Moment, wie war das noch mal mit Albert Schweitzer? Ich wiederhole es gern: „Die größte Entscheidung deines Lebens liegt darin, dass du dein Leben ändern kannst, indem du deine Geisteshaltung änderst."

Natürlich kann ich mich jeden Morgen schlecht gelaunt und unausgeschlafen an die Kasse im Supermarkt quälen, meine Zeit absitzen und mich über jeden Kunden ärgern, der die Waren nicht scanbereit aufs Förderband legt oder Ewigkeiten braucht, um sein Geld abzuzählen, die EC-Karte verbummelt hat oder erst nach dem Einbongen die Pfandquittung und Rabattkarte rausholt. Als Kunde kann ich mich über solche Situationen genauso herrlich aufregen: All diese Idioten sind schuld daran, dass es mir mies geht.

Es gibt aber auch eine Alternative, und die macht einen riesigen Unterschied in puncto Lebensqualität. Schauplatz ist derselbe Supermarkt mit denselben Menschen in der Schlange, in der es natürlich mal wieder langsamer vorangeht als nebenan. Das nervt! Aber ich erinnere mich daran, dass ich hier sitze, weil es am Monatsende Geld gibt, mit dem ich meine Rechnungen bezahlen und mir Träume erfüllen kann, und dass ich mir diesen Job ausgesucht habe, aus genau diesem und noch allerlei anderen Gründen. Okay, es gab nichts anderes und die haben mich nach der 43. Bewerbung genommen. Ja und? Sie haben mich genommen! Ich habe einen Job, ich habe es warm. Ich wollte hierher kommen. Ich kann mir vielleicht nicht alles kaufen,

Negative Ausstrahlung überträgt sich – positive zum Glück auch …

was ich möchte, aber einen Teil davon. Und auf den Rest kann ich sparen. Ich kann vielleicht sogar zur Abendschule gehen und meinen Abschluss nachholen oder Kurse besuchen, die mich interessieren. Und wenn ich lächle, stehen die Chancen gut, dass die anderen zurücklächeln.

Wetten?
Das ist Resonanz.

Es macht einen Unterschied. Es macht etwas mit mir. Das, was ich ausstrahle, was ich aussende, kommt zu mir zurück.

Sage ich bewusst Ja zu einer Situation, geht es mir garantiert besser damit, als wenn ich mich im permanenten inneren Widerstand befinde. Der ist es nämlich, der krank macht – nicht die äußeren Umstände. Die sind völlig unschuldig. Es sind einfach nur Umstände. Was ich daraus mache, das ist es, was zählt.

Also überlegen Sie sich bei allem, was Sie tun, warum Sie es tun. Und wenn Ihnen kein guter Grund einfällt – dann lassen Sie es sein oder hören Sie auf damit.

Und bürden Sie so etwas auch Ihrem Hund nicht auf. Da schließt sich nämlich der Kreis.

Der Dalai Lama hat einmal die Anekdote erzählt, wie er als Kind einen Mechaniker beobachtete, der gerade dabei war, ein Auto zu reparieren. Als er wieder unter der Motorhaube hervorkam, stieß er sich den Kopf. Fluchend trat er nach dem Wagen, verletzte sich den Fuß und versetzte dem Auto noch einen Stoß, woraufhin ihm auch noch die Hand wehtat. Der Dalai Lama kicherte und sagte in etwa: „Er war so wütend auf den Wagen, dabei hat der wirklich gar nichts gemacht! Ich habe es genau gesehen."

Das nennen wir dann Projektion. Aber zurück zum Hund: Manchmal machen wir – macht unsere Beziehung – unseren Hund tatsächlich krank. Lassen Sie es mich einmal so ausdrücken: Eine Kette reißt immer am schwächsten Glied. Wenn die Kette für die Familie steht, werden zuerst Tiere und Kinder die Symptome dafür zeigen, dass da irgendetwas oder irgendjemand unverhältnismäßig stark an dieser Kette oder einzelnen Gliedern zerrt. Unsere Tiere sind die schwächsten Mitglieder in unserem Familiensystem. Manchmal haben von ihnen gezeigte Auffälligkeiten oder ihre Krankheiten viel weniger direkt mit ihnen als mit uns selbst zu tun.

Die Wurzel allen Übels hat letztlich immer denselben Namen: Stress. Wenn wir ausschließen können, dass der Hund Stress hat – dann haben wir vermutlich welchen. Und auch das kann den Hund stark beeinflussen. Stärker, als wir manchmal meinen. Da gibt es die verrücktesten Geschichten.

An gleich mehrere erinnert sich die Hundebesitzerin Mena:

„Gleich nachdem wir unseren Picardwelpen Ami Soleil zu uns geholt hatten, fing es an: Ami war ganz intensiv mit uns, besonders mit mir, „verknüpft".

Mena und Ami Soleil haben eine besonders enge Verbindung. (Foto: Privat)

Wenn einer aus unserer Familie Bauchweh oder Durchfall hatte, zeigte er dieselben Symptome. Wie es unsere beiden Kinder als Babys schon getan hatten, schlief auch er schlecht. Das hielt dreieinhalb Jahre an, genau wie bei den Kindern. Ami hatte immer schon Darmprobleme, genau wie unsere Tochter Rahel, und Mühe, mit vielen Eindrücken auf einmal klarzukommen, wie unser Sohn Gabriel. Irgendwie spiegelte er die Babyzeit unserer Kinder.

Ein besonderes Erlebnis war, als ich in Israel, weit weg von Ami, einen Unfall hatte und er sich an diesem Tag in der Tierpension weigerte zu fressen. Einen Tag später fraß er wieder normal. Als wir ihn aber abholten, spürte ich es ganz genau: Er wusste, dass ich irgendwie verletzt war, obwohl äußerlich nichts erkennbar war. Er verhielt sich mir gegenüber beinahe fürsorglich. Obwohl er damals erst knapp ein Jahr alt war, benahm er sich plötzlich sehr ernst und gewissenhaft. So, wie ich mich gerade im Leben bewegen musste, langsam und bedacht, bewegte er sich auch. Sobald es mir jedoch besser ging, kam der junge, verspielte Hund wieder zum Vorschein. Die Homöopathin hatte in dieser Zeit viel mit mir zu tun und behandelte auch Ami immer gleich mit. Sie fühlte auf energetischer Ebene diese Art Verknüpfung."

WENN SYMPTOME SPRECHEN KÖNNTEN

Unter uns gesagt: Ich bin der festen Überzeugung, dass sie das können.
Ja, Sie haben richtig gelesen: Symptome sprechen eine Sprache.

Sie fragen sich, wie Sie sich das genau vorstellen sollen? Nun ja, für mich ist ein Symptom kein nerviger Störenfried, dem ich die Haustür vor der Nase zuschlagen sollte, sondern es ist ganz im Gegenteil ein wirklich guter Freund, der mir etwas mitteilen möchte, das mir weiterhilft. In den allermeisten Fällen ist seine Botschaft sehr konkret und manchmal sogar überlebenswichtig für mich. Ich muss nur genau hinhören und sie zu übersetzen wissen. Krankheit kann manchmal ein Weg des Unterbewussten sein, mich aus einer misslichen Lage zu befreien. Mein Körper will mir damit etwas sagen. Meine Seele meist noch mehr. Wenn ich an der Vordertür nicht zuhören möchte, kommt das Symptom zur Hintertür wieder herein. Und wenn auch diese verschlossen bleibt, schlüpft es eben durch das offene Fenster. Zur Not schlägt es sogar eine Scheibe ein, damit ich endlich wach werde. So wichtig bin ich ihm.

Wenn ich Magen-Darm-Probleme habe, finde ich vielleicht irgendetwas buchstäblich „zum Kotzen". Wenn mich ein Schnupfen ereilt, kann es sein, dass ich von einer Sache gründlich „die Nase voll" habe. Klar kann ich mich damit herausreden, dass gerade eine Erkältungswelle grassiert, aber warum hat es ausgerechnet mich erwischt und nicht den Kollegen, der viel häufiger angeniest wurde? Irgendetwas hat das Ganze wohl mit mir zu tun – und manchmal stellvertretend mit meinem Hund. Da habe ich mit Inbrunst alle Fenster und Türen verrammelt, damit auch ja kein Symptom mehr eindringt – doch es nützt nichts, denn mein Hund legt es mir voller Freude wie ein Stöckchen direkt vor die Füße. Tja, spätestens jetzt sollte ich wohl besser mal hinschauen ...

Resonanz – was ist das eigentlich?

„Manche Menschen sorgen sich zu sehr. Ich glaube, man nennt das Liebe."

(Disney's Winnie Puuh)

Das Wort Resonanz kommt aus dem Lateinischen. „Resonare" bedeutet so viel wie mitschwingen, mitklingen. Das kann man ziemlich eindrücklich in der Musik erleben. Wenn wir in einem Raum zwei Geigen oder andere Streichinstrumente haben, die exakt gleich gestimmt sind, und bei einem Instrument eine Saite so ins Schwingen versetzen, dass beide Instrumente die gleiche Eigenfrequenz erreichen – dann tönt die andere Geige mit der gleich gestimmten Saite mit. Sie kann sich gar nicht dagegen wehren und schwingt sogar noch weiter, wenn die ursprünglich gestrichene Saite gestoppt wird. Das ist Resonanz – reine Physik.

Resonanzschwingungen sind manchmal sogar gefürchtet: Hochspannungsleitungen können in heftigen Stürmen so stark schwingen, dass sie reißen. Soldatentrupps gehen nie im Gleichschritt über Brücken – diese könnten tatsächlich einstürzen. Und dann sind da noch die Sopranistinnen, die bei bestimmten Frequenzen Gläser zum Zerspringen bringen.

Beim Schaukeln ist der Effekt dagegen gewollt: Wenn ich die richtige Schwungfrequenz habe, kann ich mich im Wortsinn immer höher hinaufschaukeln. Und sich gegenseitig hochschaukeln, auch im übertragenen Sinn – das geht natürlich ebenfalls.

Im esoterisch eingefärbten Sprachgebrauch wird Resonanz meist mit Anziehungskraft in einen Topf geworfen. Was dabei herauskommt, ist ungenaues Kauderwelsch. Denn die Anziehungskraft ist in Wirklichkeit die alles entscheidende Steuerkraft, eine ganz wichtige Zutat in unserer Beziehungssuppe. Da wir Menschen keine Geigen sind – und unsere Hunde auch nicht – werden wir die genannte gleiche Eigenfrequenz nicht ohne eine gewisse Affinität erreichen.

Affinität (aus dem Lateinischen: „affinitas" = die Schwägerschaft) steht für Wesensverwandtschaft, Triebkraft, Anziehungskraft, Verbundenheit, Beziehung, Ähnlichkeit, Verbindung. Sie ist ein Maß für die Bindungsstärke, für das Bestreben, Wechselwirkungen überhaupt einzugehen und zuzulassen. Wir gehen nicht mit irgendetwas oder irgendwem in Resonanz – weder Mensch noch Hund – wenn wir keine entsprechende Affinität verspüren.

Manchmal, wie bei Pascal, ist das sogar zum Schmunzeln: Pascal hatte vor einigen Monaten entzündungsbedingte Knieschmerzen am rechten Knie. Zeitgleich bekam sein Hund urplötzlich Probleme mit dem Knie hinten rechts.

Zufall? Oder Resonanz?

Er belastete das Bein nicht richtig. Die Diagnose war ebenfalls eine Entzündung. Somit kamen beide, Mensch und Hund, in den Genuss von kühlen Quarkwickeln durch die Dame des Hauses – und bei beiden verschwanden die Symptome daraufhin auch gleichzeitig wieder.

Problem Nummer eins: Nicht immer ist uns diese Anziehungskraft, diese Affinität bewusst. (Ob sie bei Hunden mehr oder weniger gegeben ist als bei uns Menschen, halte ich für eine philosophische oder spirituelle Frage, die uns an dieser Stelle nicht wirklich weiterführt.)

Problem Nummer zwei: Nicht immer ziehen wir uns da etwas Schönes an Land, das wir auf der bewussten Ebene auch wirklich haben wollten – oder kontrollieren können.

Davon kann eine befreundete Tierheilpraktikerin ein Lied singen:

„Als ich mit meinem Beruf anfing, war meine erste Lektion: Lerne, dich selbst zu schützen! Das ist gar nicht so einfach, aber überlebenswichtig. Wenn ich zu meinen Patienten eine Verbindung aufbaue, hinspüre und mich auf sie einlasse, kann es ganz schnell passieren, dass sie

ihren Ballast an mich abgeben (von meiner Seite aus ungewollt). So hatte ich eines Abends fürchterliche Kopfschmerzen. Ich habe sonst nie Kopfschmerzen! Ah, da war vor einer Stunde der süße Wauzi bei mir gewesen, dessen Halswirbelsäule vom vielen Am-Halsband-Gezogenwerden (kleine Hunde werden häufig in alle Richtungen gezogen) so stark blockiert war, dass er fürchterliche Kopfschmerzen hatte. Er war die Schmerzen nach der Behandlung los und ich habe sie angenommen.

Ein andermal war ich den ganzen Tag über wirklich gut drauf, und dann überfiel mich schlagartig eine Traurigkeit – ein richtiger Psychoflash –, dass ich hätte heulen können. Aber warum? Ah, da war doch der arme Hund gewesen, der mich mit seinen treuen, traurigen Augen angesehen hatte, weil sein Herrchen plötzlich gestorben war. Ich hatte ihm Globuli gegeben, um ihm den Schmerz zu erleichtern, der wirklich greifbar war. Tja, und nun saß ich da und weinte seine Tränen. So etwas kann einem den Job ganz schön erschweren. Von den vielen schlaflosen Nächten mal zu schweigen. Und da lernt man dann schnell, sich den schützenden Mantel anzuziehen (danke Karin), damit man den Tieren noch lange helfen kann und nicht irgendwann selbst vor die Hunde geht."

Ja, so ein Schutzmantel ist ungemein praktisch. Im Qi Gong, das sind ritualisierte Bewegungsabläufe, die immer von einer symbolischen Vorstellung begleitet werden, gibt es eine Übung, die genau dazu dient. Wissenschaftler haben sogar festgestellt, dass der Hautwiderstand nach der Übung signifikant größer ist als vorher – man kann sich also offenbar tatsächlich ein „dickes Fell" anziehen. Man muss es nur tun, und wenn Sie gerade nicht wissen, wie Sie den entsprechenden Laden in der Winkelgasse finden sollen, um so ein Fell zu erwerben – mental kommen Sie da ganz leicht hin. Hier ist eine Möglichkeit, um sich Schutz und Abgrenzung angedeihen zu lassen.

Trotz aller Empathie ist es wichtig, sich selbst zu schützen, um nicht die Probleme anderer zu übernehmen.

Gedankenreise: Schutzmantel anziehen

Schließ die Augen und begib dich auf eine kleine Reise durch die Kopfsteinpflastergassen eines alten Städtchens, in dem die Zeit vor einigen hundert Jahren stehen geblieben zu sein scheint. Du kommst an vielen beschaulichen Läden vorbei, mit Glasfenstern und Holzschildern über der Tür. Läden mit Stoffen, mit Kuchen und Brot, mit Gewürzen und Handwerk. Dein Ziel liegt am Ende der Kopfsteinpflastergasse. Es ist ein ganz besonderer Laden auf der linken Seite. Zwei ausgetretene Steinstufen und eine Holztür mit dünnen Glasscheiben führen hinein. Vor der Tür bleibst du stehen. Du klopfst an und drückst vorsichtig die Klinke herunter. Die Tür knarrt ein wenig, als du sie öffnest, und ein Glöckchen klingelt, das dein Eintreten ankündigt. Es dauert einen Augenblick, bis deine Augen sich an das Halbdunkel in dem Laden gewöhnt haben. Du bist der einzige Kunde. Alle Wände sind bis hoch an die Decke voll mit Regalen und Schubfächern, die überquellen vor Stoffen und Materialien. Hier gibt es Zauberwolle, die unsichtbar macht, und solche, die Kraft gibt. Hier gibt es Fäden aus Wasser des himmlischen Wasserfalls ebenso wie singende Holzknöpfe, fliegenden Draht aus Feenhaar und erdende Maschen aus Waldboden. Es gibt Stoffe aus reinem Licht genauso wie welche aus Feuer, Wasser, Metall, Holz oder Luft. Es gibt Knöpfe, die die Aura stärken, Reißverschlüsse aus Engelswünschen und Gebeten sowie Nähgarn aus Licht und bedingungsloser Liebe. An vielen Fächern steht nicht einmal angeschrieben, woraus die Magie des wundervollen Inhaltes besteht.

Du bist hier, um dir deinen persönlichen Schutzmantel anfertigen zu lassen. In diesem Laden gibt es jedes Material, angereichert mit allen Eigenschaften und Fähigkeiten, die du dir vorstellen kannst, und weit über deine Vorstellungskraft hinaus.

Stöbere in aller Ruhe. Nimm dir, was du gerne hättest, wozu Bauch oder Herz dir rät, wo es dich hinzieht. Sammle alles in einer der kleinen Holzkisten. Es passt erstaunlich viel hinein und es braucht dich nicht zu kümmern, was logisch wäre, was zusammenpasst, was machbar ist. Lass nicht den Verstand entscheiden. Alles geht – soviel du willst und was du willst. Du brauchst es nicht einmal in Worte fassen, du musst es nicht verstehen können. Dies ist ein Wunderladen und du hast die freie Auswahl. Unbegrenzt. In deiner Einkaufskiste ist auch unbegrenzt viel Platz, für alles, was dir guttut.

Wenn du alles beisammenhast, gehst du in den kleinen Nebenraum. Dort brennt ein Feuer im Kamin. Daneben sitzt eine alte Frau mit Stricknadeln in einem Schaukelstuhl. Sie lächelt dich freundlich an und lädt dich ein, dich neben sie ans Feuer zu setzen. Ein kleines Kind nimmt dir lachend deine

Einkaufskiste ab, dreht sich um und stellt die Kiste neben die alte Dame. All deine Einkäufe sind darin zu einem einzigen Wollknäuel geworden. Das Kind fischt den Anfangsfaden aus deiner Kiste und die alte Frau beginnt sogleich, damit zu stricken. Die Nadeln klappern, das Feuer prasselt. Du schließt für einen Augenblick die Augen. Und als du sie wieder öffnest, ist dein Schutzmantel fertig. Er ist einzigartig. Er passt dir wie angegossen, wie eine zweite Haut, ohne zusätzliches Gewicht. Er wärmt dich und gibt dir Sicherheit, Kraft und Erdung, Liebe, Schutz, Frieden und himmlischen Segen und alles, was du dir sonst noch hast hineinstricken lassen. Er hält ewig und er ist immer für dich da. Er ist schon ein Teil von dir geworden. Zum Dank segnest du die alte Frau, das Kind und all dein Tun in diesem Mantel mit einem Lächeln und einer Verbeugung aus tiefstem Herzen. Dann verlässt du den Laden in deinem neuen Mantel, gehst die Gasse hinunter und kommst langsam wieder ins Hier und Jetzt zurück.

EIN BISSCHEN QUANTENPHYSIK UND DAS SCHÖPFERISCHE UNIVERSUM

Aus der Quantenphysik wissen wir, dass Realität nicht nur subjektiv ist, sondern durch unser Bewusstsein überhaupt erst entsteht, dass wir unsere Wirklichkeit prägen und gestalten durch unsere Gedanken, unser Tun und Handeln – oder unser Nicht-Tun.

Energie folgt immer der Aufmerksamkeit, unserem Fokus. Und ob der beispielsweise auf Krankheit oder Gesundheit liegt, macht einen himmelweiten Unterschied. Da geht es schon los. Es geht um die physikalisch messbaren, nämlich elektromagnetischen Schwingungen unseres Gehirns und auch unseres Herzens. Unterschätzen Sie nicht die Kraft Ihrer Gedanken und Ihrer Gefühle!

Unsere Gedanken sind in höchstem Maße schöpferisch und das zieht eine Kette nach sich: Gedanken prägen Worte und aus Worten werden Taten ... Die Energie manifestiert sich immer mehr, schwingt immer stärker. Die Schaukel, erinnern Sie sich?

Alles schwingt. Und soweit wir wissen, schwingen unsere Gefühle noch stärker als unser Denkapparat, sie gehen also intensiver in Resonanz. Wir spüren mehr, als wir mit dem Bewusstsein, mit dem Verstand je erfassen könnten. Ob noch ein Streit in der Luft liegt, ob wir einen Raum als friedlichen Ort empfinden, uns von einer angeheizten Stimmung mitreißen lassen ... Wir sind schwingungsfähig auf ganz vielen Ebenen.

Nun noch ein kleiner Ausflug in die Philosophiegeschichte: Im Kybalion (Verfasser unbekannt) werden sieben hermetische Prinzipien erklärt, nach denen unsere Welt womöglich funktioniert.

Alles schwingt ... (Foto: Susan Schmitz/Shutterstock.com)

Sicher nur ein Weltbild von vielen, aber ein sehr beachtetes und immerhin Grundlage und Kern so ziemlich aller Weltreligionen und dessen, was an spiritueller Literatur und quantenphysikalisch angehauchten Ratgebern grade auf dem Markt ist – also eine gute, nachdenkenswerte Diskussionsbasis für uns. Die hermetischen Schriften (auf denen das Kybalion basiert) sind selbst eine Art Best-of antiker Philosophie und Religion, mit Elementen altägyptischer, jüdischer und persisch-chaldäischer Glaubensrichtungen, Lehren von Platon, den Stoikern und den alten Chinesen – durchaus gehaltvoll. Diese Schriften wurden einem Hermes Trismegistos zugeschrieben, doch vermutlich hat der als Person nie existiert, sondern ist aus dem griechischen Gott Hermes und dem ägyptischen Thot synkretisiert worden. Schon Cicero ist diesem Fehlglauben aufgesessen – aber wer weiß schon, wie es sich wirklich verhält ... Das nur zum Hintergrund.

Am besten bilden Sie sich selbst eine Meinung darüber, was davon für Sie Sinn ergibt. Das eine oder andere hermetische Prinzip haben Sie garantiert schon einmal gehört.

SIEBEN PRINZIPIEN, NACH DENEN DIE WELT FUNKTIONIEREN KÖNNTE

1. **Das Prinzip der Geistigkeit:** „Das All ist Geist; das Universum ist geistig."

2. **Das Prinzip der Analogie (Entsprechung):** „Wie oben, so unten; wie innen, so außen; wie der Geist, so der Körper." Die Verhältnisse im Universum (Makrokosmos) entsprächen demnach denen im Individuum (Mikrokosmos) – die äußeren Verhältnisse spiegelten sich im Menschen und umgekehrt. Veränderungen im mikrokosmischen Bereich wirkten sich folglich auch auf die Gesamtheit aus.

3. **Das Prinzip der Polarität:** „Alles ist zweifach, alles ist polar; alles hat seine zwei Gegensätze; Gleich und Ungleich sind dasselbe. Gegensätze sind ihrer Natur nach identisch, nur in ihrer Ausprägung verschieden; Extreme begegnen einander; alle Wahrheiten sind nur Halbwahrheiten; alle Paradoxa können in Übereinstimmung gebracht werden."

4. **Das Prinzip der Schwingung:** „Nichts ruht; alles ist in Bewegung; alles schwingt."

5. **Das Prinzip des Rhythmus**: „Alles fließt – aus und ein; alles hat seine Gezeiten; alles hebt sich und fällt, der Schwung des Pendels äußert sich in allem; der Ausschlag des Pendels nach rechts ist das Maß für den Ausschlag nach links; Rhythmus gleicht aus."

6. **Das Prinzip der Kausalität (Ursache und Wirkung):** „Jede Ursache hat ihre Wirkung; jedes Phänomen hat seine Ursache; alles geschieht gesetzmäßig; Zufall ist nur ein Begriff für ein unerkanntes Gesetz; es gibt viele Ebenen von Ursachen, aber nichts entgeht dem Gesetz."

7. **Das Prinzip des Geschlechts:** „Geschlecht ist in allem; alles trägt sein männliches und sein weibliches Prinzip in sich; Geschlecht offenbart sich auf allen Ebenen."

(Quelle: Wikipedia)

So. Wie kam ich darauf? Ach ja. Hunde und ihre Menschen. Also wir. Wir unterliegen natürlich auch solchen Gesetzmäßigkeiten. Ich nenne sie gern Spiegelphänomene. Der Hund hält uns nämlich förmlich den Spiegel vor. Wenn wir uns trauen hineinzuschauen, erleben wir Erstaunliches – und finden das eine oder andere wieder, was schon die Hermetiker lehrten.

Viel zu selten machen wir uns bewusst, wie es uns tatsächlich geht. Wir haben es verinnerlicht, Masken zu tragen, Rollen zu erfüllen, uns anzupassen und zu verbiegen und auf die Frage „Wie geht es dir?" mit allem anderen als der Wahrheit zu antworten. Wir sind häufig alles, bloß nicht kongruent – nicht in

Übereinstimmung mit und ehrlich zu uns selbst. Zwischen dem, was wir denken, fühlen und sagen, klaffen oft weite Schluchten.

Stress

Das ist immer der Anfang von allem Übel. Erwähnte ich das etwa bereits?

Wenn wir so gar nicht hinschauen können oder wollen, wird unser treuer Vierbeiner manchmal zum Symptomträger und Helfer. Er löffelt die Suppe aus, die wir ihm und uns eingebrockt haben, stellt sich als Spiegel zur Verfügung und wird womöglich sogar krank wegen all der Dinge, die uns nicht gut tun und die wir abtun, wegschieben, verdrängen – nur nicht hinschauen, bis ... ja, bis der Leidensdruck groß genug ist und wir doch hinschauen – müssen. Zu ihm, unserem leisen Freund, dem Hund. Aber statt in blinden Aktionismus zu verfallen und rein auf Symptomebene an ihm herumzudoktern, sollten wir die Chance be- und ergreifen und geklärten Blickes in den Spiegel sehen. Bringen wir doch mal ein bisschen Ordnung rein.

Geht es dem Hund scheinbar grundlos nicht gut, kann der Blick ans andere Ende der Leine Aufschluss geben.

Unsere Hunde orientieren sich an uns, egal, ob es uns gerade gut oder schlecht geht.

Spiegelphänomene

„Es ist unterhaltsamer, mit jemandem zu sprechen, der keine langen, schwierigen Wörter benutzt, sondern kurze, einfache Sätze wie zum Beispiel: „Wie wär's mit Mittagessen?"

(A. A. Milne, Pu der Bär)

Oft übernehmen Tiere Probleme stellvertretend für ihre Besitzer, vom Zipperlein bis hin zu nicht verarbeiteten Traumata. Sie entwickeln an unserer Stelle körperliche Symptome oder warten mit Verhaltensweisen auf, die uns wie im Spiegel präsentiert werden, uns auffordern, uns mit uns selbst auseinanderzusetzen.

Der hektische Mensch hat einen hektischen Hund, der unsichere Mensch hat einen ängstlichen Hund. Die kleine Spanielhündin ist überfordert damit, nach dem plötzlichen Tod des geliebten Ehemannes einziger Sozialpartner ihres Frauchens zu sein und reagiert mit Aggression … und es geht noch viel weiter.

DAS ERSTE SPIEGELPHÄNOMEN: ICH BIN EIN ABFÄRBENDER WALDRUFER

Eigentlich ist es ganz profan und leicht nachvollziehbar: Wenn Sie ausgeglichen sind, gehen Sie auch entspannter mit Ihrem Hund um. Und wie man in den Wald hineinruft, so schallt es bekanntlich zurück. In der direkten Folge ist Ihr Hund also auch entspannter. Ganz gleich, ob wir Angst haben, wütend sind oder gestresst, es färbt auf unser Umfeld ab – wir gehen in Resonanz.

Unsere Hunde orientieren sich an uns, in guten wie in schlechten Tagen und viel weitreichender als wir dachten. Das sind die ersten beiden Erkenntnisse. Und die dritte folgt auf dem Fuß: Je enger die Beziehung, je größer also die Affinität, desto mehr und intensiver findet das statt. So wie bei Melanie und ihrer Bergerhündin, die in der Hundeschule eine Variante meiner kleinen Zen-Spazierübung machen sollten:

„Der Hundetrainer verlangte von uns als Gruppe, dass jeder Mensch seinem Hund 20 Minuten lang keine Kommandos gibt und ihn auf einem Spaziergang frei entscheiden lässt, wohin er gehen möchte, wie lange er schnuppern will und so weiter. Das fiel mir äußerst schwer, da ich es sehr gewohnt bin, meinen Vierbeiner „zuzutexten". Amy aber orientierte sich immer wieder an mir und trottete gemächlich nebenher, keine Spur von Ziehen in eine Richtung oder so. Ich wunderte mich, bis ich realisierte, dass ich zwar nicht sprach, aber andauernd dachte: ‚Komm Amy, wir gehen da lang, komm jetzt weiter …' Die Arme gehorchte ständig. Meinem Hundetrainer war das auch aufgefallen. Mental sprach ich ja doch mit ihr! Ich musste also auch das Denken abschalten. Das passte mir gar nicht und machte mich sehr unsicher. Sofort war der unsichere Hund in Amy erwacht und sie begann wie auf Knopfdruck an mir hochzuspringen und erwartete irgendeinen Befehl. Das ist doch auch eine Spiegelung oder?"

Na klar! Wir sind so eine Art Vorbild, das unser Hund nachzuahmen bestrebt ist. Dem er gefallen möchte. Meistens jedenfalls.

In der Nachbarschaft meiner Schwester lebt eine Familie, die bis vor einigen Monaten einen alten Hund hatte. „Ein übler Kläffer", war die einhellige Meinung. Er rannte geifernd am Gartenzaun auf und ab, sobald auf der gegenüberliegenden Straßenseite auch nur eine Regung zu verzeichnen war, egal, ob von Mensch oder Maus. Als das Tier starb, kehrte Ruhe ein, die Nachbarn atmeten auf. Nach angemessener Trauerzeit zog ein neuer Hund ein, er war ganz freundlich und lieb. Man wähnte sich sicher im Viertel. Doch keine drei Monate später erlebte man das gleiche Desaster, ebenso laut, ebenso wütend – der ruhige Hund war zu einem Berserker mutiert. Zufall? Nein, wohl eher nicht.

Antonia und Lilo sind noch so ein Paradebeispiel für Spiegelungen, findet Antonias Mutter:

„Lilo ist dieses Jahr zu uns gekommen, das heißt, zu meiner erwachsenen Tochter Antonia. Meine Tochter ist jedoch oft übers Wochenende bei mir. Daher kann ich gut berichten: Lilo ist gerade mal ein halbes Jahr alt und die kleine Seelenheilerin meiner Tochter … Die beiden verbindet sehr viel und sie ähneln sich schon jetzt so sehr, dass ich manches Mal darüber erschrocken bin. Wenn diese kleine Hündin mich so anschaut, wird mein Herz weich. Man kann ihr nur schwerlich böse sein, wenn sie mal wieder was gemacht hat, worüber man sich eigentlich ärgern müsste. Diesen Blick wissen beide gut anzuwenden, wenn es nötig ist. Wenn man ihre Nähe sucht, dann bitte nur, wenn Klein Lilo oder auch Antonia das möchten. Ihre wirklich herzliche Art zeigt Lilo nur bei wenigen Menschen. Ebenso zeigt Antonia ihr Herz nur kurz und verschließt es dann wieder; sie lässt kaum jemanden an sich heran. Beide, Antonia und Lilo, sind regelrecht kleine Diven … Sie wissen genau, wie sie bei den Menschen ankommen, und spielen das auch aus. Sie lassen sich ungern etwas sagen und ziehen beide am liebsten ihr Ding durch. Sie sind voller Liebe zueinander und möchten auf der anderen Seite helfen und Menschen verbinden. Aber am besten, ohne dass das jemand wirklich wahrnimmt. Alles still und heimlich.“

„Wie der Herr, so das Gescherr“, sagt eine alte Redensart. Gleiches zieht Gleiches an.

Magisch. Die klassische Analogie.

Hunde werden unglücklich, weil wir es sind. Aus Solidarität – oder weil wir es ihnen vorleben, dass man in unserem Rudel nun mal unglücklich ist. Wenn wir leiden, leidet der Hund still mit. Wenn wir traurig sind, liegt der Hund stimmungsgedämpft in der Ecke. Er passt sich halt an.

Oh Gott, immer? Nein, nicht immer, dazu kommen wir noch, versprochen. Nicht alles auf einmal.

Antonia und Lilo sind sich in vieler Hinsicht sehr ähnlich. (Foto: Privat)

DAS ZWEITE SPIEGELPHÄNOMEN: ICH TRAGE DAS FÜR DICH

Ein befreundeter Tierarzt erzählte mir von dem Fall zweier Schwestern, die mit dem dritten (!) krebskranken Hund zu ihm in die Praxis kamen. Auf die vorsichtige Frage, ob Krebs denn irgendeine besondere Rolle in der Umgebung/Familie spiele, erzählten ihm die beiden, dass ihr Vater ein Osteosarkom an der Wirbelsäule habe, das wohl nicht mehr operabel sei, weshalb es dem Ende zuginge. Auffällig war, dass sich alle Hunde (also jetzt auch dieser dritte) immer neben das Bett des Vaters legten und dort viel Zeit verbrachten, obwohl sie eigentlich gar nichts mit ihm zu tun hatten. Der Tierarzt hatte den Eindruck, dass die Tiere offensichtlich versuchten, ihm den Krebs abzunehmen, doch alle ohne Erfolg ...

Dann war da der Schäferhund mit Hüftgelenksdysplasie in der Akupunkturpraxis einer anderen Tierärztin. Nach ihrer Erfahrung eine Erkrankung, die der Akupunktur sehr gut zugänglich ist und damit nachhaltig behandelt werden kann. Dieser Patient kam aber in regelmäßigen Abständen wieder, die Therapie führte also immer nur für eine begrenzte Zeit zu einer Verbesserung der Symptome. Auf näheres Nachfragen nach einigen Behandlungen berichtete der Besitzer, dass er selbst Hüftprobleme habe. Immer wenn der Hund behandelt wurde, ging es ihm schlechter. Im Lauf der Zeit drehte sich die Situation wieder (Hund schlechter, er selbst besser) bis er erneut zur Akupunktur mit dem Hund ging. Ihm wurde daraufhin sogar empfohlen, den Hund zu erlösen, wenn es ihm schlecht ging, um sich selbst von dem Leiden zu befreien ... Schaurig?

Das sind sicher Extremfälle, aber immer wieder kommt es vor, dass unsere Haustiere sich scheinbar an Symptomen beteiligen, sich bemühen, uns etwas abzunehmen, etwas für uns zu tragen, sich opfern, sogar auf Kosten der eigenen Gesundheit – das hat auch Nicky erlebt:

„Luna spiegelt mich nicht nur in Persönlichkeit und Ausdruck, sondern auch mit Krankheit. Sie war immer ein sehr aufgeweckter, aber auch ein nachdenklicher Hund. Sie freute sich über fast jeden und war immer recht fit, so wie ich. Seit ein paar Jahren jedoch arbeite ich in einem Unternehmen, das mir wirklich nach und nach das Lachen und die offene Fröhlichkeit genommen hat ... und viel Kraft raubt. Ich denke, dadurch bin ich, seit ich dort bin, recht schnell „gealtert". Auch Luna ist in dieser Zeit so schnell gealtert, dass es mir Angst und Sorge bereitete. Es traten bei ihr nach und nach Krankheitsanzeichen auf, die behandelt wurden, aber ohne dass es zu einer wirklichen Besserung kam. Dies ließ mich aufmerksam werden, da die Symptome, die sie hatte, irgendwie auch auf mich zutrafen, sodass ich mich schließlich dazu entschloss, zum Arzt zu gehen und ihm diese Symptome zu schildern. Er fand prompt die Lösung. Erstaunlich finde ich, dass Luna wegen fast der gleichen Krankheiten behandelt wird wie ich.

Nach meiner Behandlung geht es uns beiden besser und ich danke meiner Luna von ganzem Herzen dafür, dass sie mich auf meine Situation aufmerksam gemacht hat. Ich achte sehr darauf, was meine Hunde mir zeigen wollen. Es ist sehr spannend und lehrreich."

DAS DRITTE SPIEGELPHÄNOMEN: DER HUND ALS LOYALER UNWUCHT-JOKER

Wenn es uns gut geht, ist alles schön und in Balance. Wenn es uns aber nicht gut geht, wird sich der Hund unter Umständen bemühen, das Gleichgewicht wieder herzustellen, auszugleichen, zu kompensieren. In unterschiedlichen Varianten – je nachdem, was er für einen Charakter hat, wie er sich im „Rudel" positioniert und wie unsere Beziehung geartet ist. Eine Unwucht bringt es mit sich, dass das Rad nicht rund läuft – und das versucht der Hund auszubalancieren.

Praktische Lebenshilfe auf vier Pfoten hat auch Andrea erlebt:

„Also, als Lotta in mein Leben kam, war ich nicht wirklich offen für andere Menschen. Ich bin immer erst mal davon ausgegangen, dass andere negativ über mich urteilen, schlecht über mich denken und reden. Unter anderem deshalb habe ich nur ungern andere „in mein Innerstes" blicken lassen. Körperliche Nähe, gerade auch zu Menschen, die ich nicht gut kannte, war für mich kaum auszuhalten. Laut meine Meinung zu sagen und auch dafür einzustehen, hatte ich komplett verlernt.

Lotta stärkte Andreas Selbstvertrauen. (Foto: Privat)

Ja, und dann kam Lotta. Ein Hund, der von fremden Menschen und fremden Hunden nur Negatives erwartete und sich bei Kontaktaufnahme von deren Seite entweder sehr reserviert oder sogar ängstlich-aggressiv zeigte. Ein Hund mit einer riesigen Individualdistanz, der, wenn diese unterschritten wurde, massiv drohte oder sich der Situation entzog. Lotta war nicht sehr gesellig, hatte gleichzeitig aber ihre Augen und Ohren überall und konnte kaum zur Ruhe kommen.

Genau wie ich. Wie sehr mich dieser Hund spiegelte, erkenne ich aber erst jetzt, nach fast acht gemeinsamen Jahren. Für Lotta habe ich begonnen, an mir zu arbeiten, um ihr Sicherheit zu geben. Ich lernte „gerade zu stehen", präsent zu sein. Meine Stimme einzusetzen und auch mal „laut" zu werden. Konfrontationen mit Menschen zu riskieren und für meine Meinung einzustehen. Oft habe ich mich vor meinen Hund gestellt, um ihn vor zudringlichen Menschen und Hunden zu schützen. Von Mal zu Mal fiel es mir leichter und ich habe gelernt, wieder auf „meinen Bauch und mein Herz" zu hören und nicht darauf, was andere Menschen sagen oder denken.

Durch all das habe ich mir nicht nur Lottas Vertrauen erarbeitet, sondern auch das Vertrauen in mich selbst. Man kann sagen, dass Lotta und ich in den letzten Jahren gelernt haben, unsere Herzen wieder für andere zu öffnen. Heute bestimmt eine positive Grundhaltung unser beider Leben und wir gehen unvoreingenommen und neugierig in neue Begegnungen.

Ein anderer Punkt, in dem Lotta mich deutlich spiegelt, ist, dass wir beide echte „Workaholics" sind. Wir machen kaum etwas, was nicht irgendeinen Sinn hat, haben beide Spaß am Arbeiten und merken häufig beide nicht, wann wir eigentlich eine Pause bräuchten. Wir sind schnell für Neues zu begeistern und wollen auch hier immer gut sein und alles richtig machen. Wir beide lechzen nach Anerkennung und neuen Herausforderungen und gehen permanent über unsere Kräfte. Immerhin haben wir im Lauf der Jahre auch beide gelernt, „Pause zu machen" und einfach nur „zu sitzen und zu schauen", wie Lotta einmal in einer Tierkommunikation mitteilte. Das sind oft die innigsten Momente in unserem Zusammenleben.

Vor Lotta teilte ich mein Leben mit Lilli, einem kleinen Pudelmädchen. Auch Lilli hat mich damals stark gespiegelt. Wir waren zu dieser Zeit beide stets bemüht „Everybody's Darling" zu sein. Haben uns alles von allen gefallen lassen und uns – egal in welcher Situation – **nie** *zur Wehr gesetzt. Negatives haben wir „runtergeschluckt", Verletzungen still ertragen. Es macht mich traurig, dass ich damals nicht die Kraft hatte, etwas zu verändern. Nach nur acht Jahren ist Lilli gegangen – und hat Lotta geschickt …"*

Hannas Hündin Cora ist eine elfjährige Border-Collie Mischlingsdame aus dem Tierheim:

„Cora lebt seit über zehn Jahren bei uns. Zu unserer Familie gehören noch drei Isländer. Für Cora und inzwischen auch für uns ist es selbstverständlich, dass sie uns täglich spiegelt. Immer wieder aufs Neue „trainiert" sie uns darauf, aufmerksam auf sie zu achten und uns unser eigenes Verhalten bewusst zu machen. Das hört sich sehr einfach an, aber ganz oft haben wir ihre Zeichen erst viel später erkannt.

Längere Zeit litt Cora unter Bauchspeicheldrüsenproblemen, die sich, seit der Bauchspeicheldrüsenkrebs bei meiner Mutter, also Frauchen Nummer zwei, erkannt und auch operiert wurde, nicht mehr gezeigt haben. Seit sie bei uns ist, leidet Cora auch unter Zahnfleischproblemen, die, egal von welchem Fachmann sie behandelt werden, unterschiedlich stark ausgeprägt sind. Besonders schlimm sind sie allerdings, wenn ich selbst „auf dem Zahnfleisch gehe" und wieder mal viel Stress habe. Wenn mir etwas schwer im Magen liegt, übergibt Cora sich oft. Am deutlichsten wird ihre Resonanz aber in Bezug auf meine Laune. Es ist, als ob ich in einen Spiegel schaue und mich selbst sehe, wenn ich sie angucke.

Das schönste und für mich auch schwierigste Beispiel ist folgendes: Auf dem Hof, auf dem unsere drei Isländer stehen, gibt es einen kleinen, schmutzigen Bach direkt neben dem Roundpen. Dieser Bach wird von allen anderen Hunden, die auf dem Hof herumlaufen oder sogar wohnen, gemieden. Cora ist jedoch mit Vorliebe und trotz Schimpfen immer wieder in diese Pampe hineingesprungen. Weder mit irgendwelchen Erziehungsmethoden noch mit Zureden oder Auf-sie-Einreden konnte ich sie davon abbringen. Cora ist in unregelmäßigen Abständen immer wieder mal in den Bach gesprungen und hat das Wasser getrunken. Natürlich hatte der Hund immer ausreichend Wasser zur Verfügung, sodass Durst als Ursache ausgeschlossen werden konnte. Auch die Unterstützung durch mentale Mauern hatte nicht den beständigen Erfolg, den ich mir gewünscht hatte.

Nachdem ich mit meinem Latein am Ende war und mir auch langsam die Geduld ausging, bat ich meine Mutter, Cora zu fragen, warum sie das tut, obwohl sie deswegen immer Ärger bekommt und ein derartiges Verhalten sonst nicht an den Tag legt. Meine Mutter kam auch gleich mit einer für mich verblüffenden Antwort, nämlich, dass ich das doch auch tun würde, den ganzen Dreck in mich hineinfressen. Nun war ich zunächst verwirrt und musste einen Augenblick nachdenken. Aber ich stellte mal wieder fest, dass sie recht hatte. Leider neige ich dazu, mir Dinge sehr zu Herzen zu nehmen, sie in mich hineinzufressen und auch nicht so schnell wieder loszulassen.

Dieses Problem wird noch zusätzlich durch Stress befeuert. Und so zeigt Cora

Cora zeigt Hanna genau, ob sie gerade einen wirklich freien Kopf hat oder ob mal wieder negative Gedanken an ihr nagen. (Foto: Privat)

mir jedes Mal auf dem Pferdehof, ob ich wirklich frei und gelassen bin oder ob genau das Gegenteil zutrifft und ich mir nur einrede, keine negativen Gedanken zu haben. Regelmäßig erinnert mich Cora daran, an mir zu arbeiten und mir nicht alles so sehr zu Herzen zu nehmen. Sollte ich das wieder einmal vergessen, werde ich durch einen nassen, dreckigen und nicht gerade lecker riechenden Hund daran erinnert."

Unsere Hunde blicken hinter unsere Masken, und sie richten ihr Verhalten nach dem, was sie wahrnehmen. Unverhohlen und ungeschminkt. Manchmal allerdings muss man auch ein bisschen um die Ecke denken. Das ist eine Chance und zugleich eine Herausforderung. Kerstin beschrieb mir die folgende Situation:

„Pfingsten hatten wir Besuch von meiner Schwester, ihrem Freund und ihrer Tochter, meinem Patenkind. Auch mein Bruder war mit seiner Frau und der gemeinsamen Tochter da. Schon an der Gartenpforte knurrte Ronja die Tochter meines Bruders zum ersten Mal an und später schnappte sie sogar nach ihr, in einer Situation, in der sie hätte gehen können.

Ronja reagiert manchmal so, wie Kerstin gern reagieren würde. (Foto: Privat)

Ich war entsetzt. Gegenüber Tierärzten hatte sie sich schon aggressiv gezeigt, aber gegenüber anderen Menschen noch nie. Es war mir natürlich auch sehr peinlich und ich habe gebetet, dass der Abend endlich vorbeigeht. Kurz vor dem Schlafengehen schnappte Ronja dann auch noch nach meiner Schwester. Ohne Hautkontakt, aber böse gemeint war es schon. Ich konnte die ganze Nacht nicht schlafen, aus schlechtem Gewissen und weil ich dachte: Wenn der Hund das jetzt ausbaut – sie läuft immer frei –, das geht gar nicht. Ich war heilfroh, als endlich alle weg waren, und war die nächste Zeit über recht argwöhnisch, was Begegnungen mit Fremden betraf. Aber es gab keinerlei Probleme: Ob Postbote, Paketzusteller, Schornsteinfeger oder Küchenbauer, Ronja zeigte keine Spur von Aggression. Sie hatte wohl einen schlechten Tag, meinte mein Mann, aber daran glaubte ich nicht. Ich bin also in mich gegangen, und dann war es mir klar. Eigentlich (eigentlich ist eigentlich ein blödes Wort) möchte ich keinen so engen Kontakt zu meiner Familie, die ich erst als Erwachsene kennengelernt habe. Wenn meine Schwester anruft, bitte ich schon immer meinen Mann darum, dranzugehen und zu sagen, ich sei nicht da – weil ich keine Lust auf Gespräche mit meiner Schwester habe, die mich nur fordert, die nur von sich erzählt und der es irgendwie immer schlecht geht. Mit meinem Bruder habe ich überhaupt keinen Kontakt, außer, wir sehen uns auf Feiern. Ich rufe ihn nicht mal an seinem Geburtstag an. Zwar mag ich meinen Bruder, und übrigens auch meine Schwester, wirklich gern, aber eingeladen habe ich die beiden nur aus Pflichtgefühl. Lust dazu hatte ich keine. Ich wollte sie in meinem Haus nicht haben – und das hat Ronja ihnen stellvertretend für mich gezeigt, weil ich es mich nicht traue. Ich bin mir ganz sicher, dass das der Grund für ihr Verhalten war. Einerseits ist das schön, denn ich kann meinem Hund wieder vertrauen. Aber welche Konsequenzen hat das für mich? Soll ich den Kontakt zu meinen Geschwistern abbrechen? Mein Patenkind ist zwölf Jahre alt und weicht nicht von meiner Seite. Meine Schwester ist auch froh darüber, dass wir uns haben, und es ist ja nicht so, dass wir uns nicht verstehen. Wie gesagt, ich weiß nicht, warum es mir so schnell zu viel wird. Es sind doch meine einzigen lebenden Verwandten … Ist es einfach nur, weil ich sowieso gern allein oder nur mit wenigen Leuten gern enger zusammen bin? Hmmmh. Sonst bin ich da klarer: Was ich nicht will, das mache ich nicht. Aber in diesem Fall ist es für mich nicht so leicht, klar zu sein, denn es würde bedeuten, anderen Menschen wehzutun. Ganz sicher findet in diesem Haus aber kein Familientreffen mehr statt, die Botschaft habe ich verstanden."

Vielleicht muss es gar nicht so radikal sein. Vielleicht geht es nur um „etwas weniger". Nicht alle auf einmal, nicht gleich übernachten. Sich die eigenen Grenzen klarmachen und andere diese

Wie gut oder schlecht Hunde miteinander auskommen, hängt auch davon ab, wie die Beziehung zwischen ihren jeweiligen Menschen ist.

Linie nicht überschreiten lassen. Ronja hat die Auseinandersetzung stellvertretend für ihr Frauchen übernommen, weil Kerstin sich – in dieser Situation hin- und hergerissen von widersprüchlichen Gefühlen – nicht getraut hat.

Wenn wir insgeheim wütend oder verzweifelt sind, werden Hasso, Herkules oder Trinchen also unter Umständen ganz schön aggressiv. Auch Melanie hat das festgestellt:

„Wenn ich jemandem begegne, der mich nicht mag, ich aber trotzdem von mir verlange, ihn und seine Meinung zu akzeptieren, dann spürt mein Hund das genau und reagiert mit Ablehnung – so, wie ich reagieren würde, wenn ich es nicht unterdrücken würde."

Und Nico erlebte so etwas noch deutlicher, wie die folgende Geschichte zeigt:

Sandro, Nicos sechsjähriger Mischling und ein ehemaliger Straßenhund, der zu allen und jedem immer freundlich ist, hat einen Todfeind. Es ist ein älterer Labrador namens Leo. Zwischen den beiden ist nie etwas vorgefallen, aber wenn Sandro diesen Hund sieht, tickt er völlig aus und kei-

ner weiß, warum. Läuft sein Frauchen mit Leo am Zaun entlang, rast Sandro wild kläffend durch den Garten, hört auf nichts und niemand mehr und kriegt sich fast nicht mehr ein. Leo hingegen trottet gemächlich vor sich hin und beachtet den wilden Sandro nicht einmal. Nico fragt sich oft: ‚Wieso geht Leos Frauchen nicht durch eine andere Straße, sondern muss immer an unserem Zuhause vorbei, wo Sandro schier überschnappt?' Die Spaziergänge mit Sandro sind manchmal auch etwas angespannt, da Herrchen immer Angst hat, Leo zu begegnen. Wenn Sandro die Chance hätte, würde er Leo zerfleischen. Was würde Sandro selbst wohl zu dieser Situation sagen, wenn man ihn fragen würde? Nun, Tierkommunikation macht's möglich: ‚Diesen arroganten Mistkerl kann ich auf den Tod nicht ausstehen. Der meint, er wäre was Besseres. Er beachtet mich nicht einmal. Er schaut regelrecht durch mich hindurch. Das treibt mich noch in den Wahnsinn! Dem muss mal gezeigt werden, dass wir auch wer sind.' Nico wurde daraufhin rot und sagte verlegen: ‚Wissen Sie, es wundert mich gar nicht, was er sagt. Die Besitzer von Leo sind genauso. Sie grüßen nicht und wirken arrogant.' Ich musste mir ein Grinsen verkneifen. Obwohl nur diese eine Kommunikation mit Sandro stattfand, hat sich Erstaunliches verändert. Nico sagt dazu: ‚Das ganze Resonanzphänomen hat sich so gewandelt, dass sich die Hunde nicht mehr beim Spaziergang begegnet sind, und seltsamerweise kamen Leo und sein Frauchen auch nicht mehr mehrmals täglich am Gartenzaun vorbei. Das war echt krass!"

Nach all diesen Beispielen werden Sie jetzt wahrscheinlich denken: „Ach du liebe Zeit! Und ist das immer so? Bin ich etwa schuld daran, wenn es meinem Hund nicht gut geht?"

Die klare Antwort lautet: um Himmels Willen – Nein! Es sei denn, Sie fügen Ihrem Schützling vorsätzlich oder fahrlässig Leid zu – dadurch machen Sie sich tatsächlich schuldig.

Die Aufforderung an uns Hundebesitzer besteht darin, uns dieser Resonanzprozesse bewusst zu werden und entsprechend zu handeln. Es heißt also: die Bedürfnisse ansehen und danach leben! Die Bedürfnisse von Mensch **und** Hund wohlgemerkt!

Wie wir uns selbst fühlen, das beeinflusst tatsächlich das Wohlergehen unseres Hundes. Aber noch mal ganz deutlich: Es geht nicht um Schuld, sondern um Handlungsbereitschaft.

Und auch das noch mal in aller Klarheit: Ihr Hund tut das, was er tut oder lässt, ganz bestimmt nicht, um Ihnen ein schlechtes Gewissen oder Vorwürfe zu machen oder um Ihnen eins auszuwischen!

Eine meiner Freundinnen ist der folgenden Ansicht:

„Ich glaube, dass jeder den Hund kriegt, den er ‚verdient', dass jeder Hund seinen Menschen irgendwie irgendwas lehrt, ihm etwas aufzeigt. Manchmal ist es aber

schwierig, dies zu erkennen und wirklich etwas daraus zu lernen. Ich habe mir eine Zeitlang extreme Sorgen um die Gesundheit meines Rüden gemacht und tatsächlich war er ständig entweder erkältet oder hatte Magen-Darm-Probleme. Seit ich das mit der Verdauung lockerer sehe, verträgt er plötzlich mehr Leckerlis – interessant!"

Das finde ich auch.

Nehmen Sie die Resonanzphänomene als Geschenk an, als Einladung, als Aufforderung, sich mit sich selbst und Ihren Schattenseiten auseinanderzusetzen! Sie haben Ihren persönlichen vierbeinigen Coach zu Hause – Führungskräfte oder Manager müssen viel Geld bezahlen, um in speziellen Workshops zu erfahren, wie ein Tier auf sie reagiert, und etwas daraus zu lernen.

Betrachten Sie das Ganze aber immer lösungsorientiert, nicht selbstzerfleischend, denn das ist ziemlich kontraproduktiv und macht Ihren Hund weder gesünder noch glücklicher.

Und um es noch einmal klarzustellen: Nein, nicht immer handelt es sich um ein Spiegelphänomen. Nicht jedes Zipperlein des Hundes hat etwas mit Ihnen zu tun. Wie Sie Resonanz von Projektion unterscheiden können, dazu erfahren Sie im Folgenden mehr.

Indem er uns spiegelt, wird unser Hund zu unserem persönlichen vierbeinigen Coach.

Die häufigsten Spiegelphänomene	
Variante A	Ich trage das für dich mit. Ich mache es genau wie du.
Variante B	Ich übernehme den Job. Ich erledige das für dich.
Variante C	Ich zeige dir, was schief läuft – Spiegelverkehrt! Ich lebe aus, was du blockierst.

Spieglein, Spieglein an der Wand – wann geht's um mich, wann nicht?

„Manchmal, wenn man sich auf das untere Geländer einer Brücke stellt und sich vorbeugt und beobachtet, wie der Fluss langsam unter einem dahingleitet, weiß man plötzlich alles, was es zu wissen gibt."

(A. A. Milne, Pu der Bär)

Was macht so ein Spiegel eigentlich, wenn gerade niemand in ihn hineinschaut? Ich glaube, er hat durchaus ein Eigenleben und betrachtet die Welt aus seiner Sicht. Unsere Hunde tun das auf jeden Fall.

Wir alle spiegeln uns in einem Gegenüber und bieten umgekehrt selbst Projektionsfläche. Aber nicht jeden Kratzer im Spiegel haben wir zu verantworten. Vielleicht haben wir ihn gebraucht gekauft, und der Vorbesitzer war unachtsam. Vielleicht hat der Wind die Vase umgepustet, die davorstand. Vielleicht ist es ein Fabrikationsfehler ...

Unsere Hunde haben ebenfalls so manche Eigenart, so manche Anlage, schon mitgebracht. Auch ein Hund kann mal schlechte Laune haben, weil ihn die Nachbarskatze durchs Fenster geärgert hat, weil es regnet oder weil er wieder mal die läufige Hündin verpasst hat. Wir müssen nicht alles auf uns beziehen. Wir brauchen nicht ständig zu grübeln, woran wir heute wieder schuld sind. „So etwas wie Schuld gibt es eigentlich gar nicht, das ist ein Übersetzungsfehler in der Bibel. Es gibt nur Fehler. Die passieren jedem." Das ist ein Satz, den ich mal bei einer Fortbildung gehört und mir gemerkt habe. Mir hat er gut gefallen. Vor allem, weil man aus Fehlern lernen kann. Es sind Erfahrungen, die uns letztlich weiterbringen, als wenn immer alles glatt liefe.

Ein Ereignis ist einfach nur ein Ereignis. Wie immer geht es darum, was wir daraus machen. Der Rest wird – das wissen Sie ja schon – beeinflusst und gestaltet durch unsere Resonanz und Affinität. Eine auf das Ereignis folgende Kettenreaktion zu durchbrechen, das ist die Lösung des Ganzen. Aber eins nach dem anderen.

Warum bricht sich jemand das Bein, wenn er bloß von der untersten Stufe einer Leiter fällt? Und jemand anders rappelt sich auf und geht unversehrt weiter, obwohl er von viel weiter oben fiel? Warum gerät jemand immer wieder an Tiere, die dieselben Symptome haben wie er selbst? Wie kommt es, dass der ausgeglichenste Hund gerade an Tagen, an denen ich sowieso schon gereizt bin und es eilig habe, extrem schwerfällig und langsam vorwärtsgeht und an jedem Grashalm schnuppern muss? Oder er kläfft wie ein Wahnsinniger los, wenn er eine Fliege an der Wand sieht? Was hat es mit mir zu tun, dass der Hund, mit dem ich nur im

Nicht jedes Verhalten oder Problem eines Hundes ist eine Spiegelung.
Wir können lernen, echte Resonanzphänomene als solche zu erkennen. (Foto: Uwe Janssen)

Schneckentempo vorankam, am gleichen Tag bei meinem Mann in der Leine hängt wie ein Weltmeister im Tauziehen, weil es ihm gar nicht schnell genug gehen kann und kaum zu bremsen ist?

Das Problem hängt meistens am anderen Ende der Leine. Manchmal auch an beiden. Und manchmal läuft der Hund ganz ohne.

GOLDENE SPIEGELREGEL: DAS MASS ALLER DINGE

Unterscheidungskriterium Nummer eins: Wenn ich das Verhalten meines Tieres auf mich beziehen kann und das auch noch Sinn ergibt, dann wird es wohl etwas mit mir zu tun haben. In der Psychologie sprechen wir vom (in-)adäquaten Affekt: Das Ausmaß unserer Reaktion auf ein Ereignis – unsere Resonanz also – ist entscheidend dafür, ob wir mit einer Begebenheit angemessen oder übersteigert umgehen. Aufs Beispiel aus dem vorigen Abschnitt bezogen bedeutet das: Ich stelle selbst fest – oder lasse mich von ehrlichen Freunden behutsam darauf aufmerksam machen –, dass ich total unter Stress stehe und mal Tempo rausnehmen und ganz langsam machen sollte. Mein Hund reagiert darauf, indem er diesem menschlichen Pulverfass, das jeden

Je enger die Beziehung zwischen Mensch und Hund, desto mehr kommen Resonanzphänomene zum Tragen.

Moment hochgehen könnte, so gut es geht ausweicht. Dadurch bietet er mir auch noch die perfekte Projektionsfläche für meine Wut. Er hält mir quasi den Boxsack zum Abreagieren hin. Und weil ich diesen Mechanismus durchschaue, bevor ich auch nur ein einziges Mal in Versuchung gekommen wäre, loszubrüllen oder heftig an der Leine zu rucken, kann ich beschämt und erkenntnisreich an wesentlich geeigneterer Stelle die Luft rauslassen, ohne dem Hund dadurch zu schaden. Etwa durch Joggen gehen, in ein Kissen schlagen oder Holz hacken. Mein Mann dagegen sollte echt mal in die Hundeschule gehen und das Einmaleins der Leinenführung lernen! Spaß beiseite.

Ein anderes Beispiel: Sagen wir, Ihr Hund humpelt etwas, weil er sich das Bein vertreten hat. Variante A: Sie fahren sofort zum Tierarzt, lassen sich von diesem auch nach gründlichster Untersuchung nicht beschwichtigen, fordern eine Röntgenaufnahme, Ultraschall, Schmerzspritzen, Bioresonanz und Hydrotherapie und stellen seine Kompetenz infrage, als er das für etwas übertriebenes Mit-Kanonen-auf-Spatzen-Schießen hält. Prompt fängt der Hund an zu winseln und zu jaulen und Sie beide leiden um die Wette. In der folgenden Nacht bekommen Sie kein Auge zu, schlafen neben dem Hund auf dem Sofa und schrecken mehrmals auf, um zu kontrollieren, ob das Tier überhaupt noch atmet. Hundi leckt Ihnen schlaftrunken den Handrücken und Sie fangen daraufhin bitterlich an zu weinen, weil Ihre Nerven blank liegen.

Variante B: Sie schauen erstmal selbst nach, wie schlimm es ist, und beschließen je nach Bauchgefühl und Verhalten des Hundes, beim Tierarzt anzurufen, um zu klären, ob Maßnahmen erforderlich sind, oder Sie warten in Ruhe die Nacht ab, um am folgenden Morgen noch mal nachzusehen. Der Hund schnarcht, aber das tut er immer, und weil Sie selbst in Ihrem eigenen Bett liegen, schlafen sie beide ganz hervorragend.

Rhetorische Frage: In welchem Fall liegt eine Spiegelung vor und in welchem nicht? Welche Reaktion ist angemessen, welche inadäquat?

Richtig! Variante A verlangt unser Augenmerk als überzogene Handlung – in mehrfacher Hinsicht sogar. Der Mensch regt sich hier so sehr auf, dass der Hund das Spiel mitmacht, einen wundervollen Sparringspartner gibt, sich brav mit hineinsteigert und sich am Ende sogar Sorgen um sein Frauchen beziehungsweise Herrchen macht.

Wir alle kennen Hunde, die vermutlich glauben, sie hießen mit zweitem Vornamen „Auuuusss", „Rrrruntervomfeld" oder „Hierherverdammt". Auffällig und interessant ist für mich die Beobachtung, dass es Tage gibt, an denen diese Rufe wesentlich häufiger durchs Dorf schallen als an anderen. Diese Häufungen haben **immer** etwas mit Herrchens oder Frauchens Stimmung zu tun, darauf möchte ich wetten! Und zwar nicht einfach nur, weil wir häufiger brüllen, wenn wir mies drauf sind, sondern weil unsere Gefährten uns dann tatsächlich mehr Anlass dazu geben. Aber provozieren sie uns etwa? Nutzen Sie unsere Schwäche schamlos aus? Nein, ich denke, ganz im Gegenteil. Sagen wir lieber, unsere Hunde fördern und fordern uns gleichermaßen.

Merke: Immer wenn ich mich über die Maßen in etwas hineinsteigere, mich über eine Situation, eine Eigenschaft, ein Verhalten aufrege, wenn ich darunter leide, sich meine Stimmung dadurch komplett verändert oder noch mehr in eine Richtung kippt– dann hat es etwas mit **mir** zu tun – nicht mit meinem Gegenüber, egal, wie viele Beine er oder sie hat. Es ist mein Thema, das ich mir anschauen und dann bearbeiten sollte!

Unterscheidungskriterium Nummer zwei – die Gegenprobe: Wenn ich mir die Situation anschaue, in mich gehe und trotz reiflicher Prüfung zu dem Schluss komme, dass ich normal reagiert habe – dann hat es **Nichts** mit mir zu tun.

Und wie ist das, wenn der humpelnde Hund aus unserem Beispiel auch noch ein humpelndes Herrchen hat – die klassische Spiegelbildsituation also?

Ganz genauso: In dem Moment, wo es Herrchen nicht nur auffällt, sondern er sich da hineinsteigert, sich womöglich deswegen Vorwürfe macht oder extrem emotional reagiert, ist die Wahrscheinlichkeit groß, dass das Verhalten seines Hundes ihm etwas aufzeigen soll.

Wie verhält es sich, wenn nun aber mein Mann mich belehren will, dass ich es bin, die keine Ahnung von Hunden hat und dafür sorgt, dass der Haussegen schief hängt? Weil er nämlich jüngst beobachtet hat, wie ich dem Hund die Leine lang lasse, damit der in Ruhe schnuppern kann, solange er möchte?

Kommt darauf an: Wenn mich die Auseinandersetzung runterzieht, mein Selbstbewusstsein sich auf dem Boden windet und ich ernsthaft überlege, den Beruf zu wechseln: Na, was glauben Sie? Genau: Wieder ist es **mein** Thema.

Wenn seine Tirade an mir abprallt und ich ihn charmant in den Keller schicke, wo der Boxsack hängt – dann ist es **sein** Thema. Es liegt nahe, dass er irgendeinen eigenen Frust auf mich und den Hund projiziert hat. Wir haben ihm unwissentlich ein Thema aufgezeigt, das er wohl bearbeiten sollte – vielleicht Geduld.

Aber Achtung, apropos aufzeigen und „Das hat bestimmt etwas mit mir zu tun“: Menschen, die chronisch **immer alles** auf sich beziehen, was im Außen **zufällig** geschieht, sind meist nah dran an einer echten Depression und sollten dringend ärztlichen Rat in Anspruch nehmen. Diese sogenannten Beziehungsideen – das heißt, sich selbst dauerhaft als Mittelpunkt des Weltgeschehens zu erleben und bedeutungsvolle Zusammenhänge in Zufälligkeiten hineinzuinterpretieren – sind Symptome einer ernst zu nehmenden psychischen Beeinträchtigung.

Versteckt sich hier etwas? Genau hinschauen hilft zu entscheiden, ob wir es mit einem Spiegelphänomen zu tun haben oder nicht.

EINGESPIELTE TEAMS

Ich kenne hinkende Hunde, die ganz normal laufen, wenn Frauchen in Urlaub ist oder mal kurz wegschaut, oder Kläffer, die seelenruhig an anderen Hunden vorbeigehen, wenn sie jemand anders begleitet als Herrchen, oder chronische Huster, die symptomfrei sind, sobald sie die Tierarztpraxis betreten …

Es gibt da draußen jede Menge solcher eingespielter Teams: Frauchen hat ein übersteigertes Pflegebedürfnis, weil sie damit irgendein Defizit kompensiert.

Sie sucht sich unterbewusst eine Ersatzbaustelle, einen opferbereiten Nebenkriegsschauplatz, damit sie sich nicht mit sich selbst auseinandersetzen muss oder um einen nicht ausgelebten Partner- oder Kinderwunsch zu übertünchen. Weil sie vielleicht lieber Tierarzthelferin geworden wäre, weil sie in dessen Sterbestunde nicht bei ihrem Vater sein konnte, oder, oder, oder.

Jedenfalls bedient sie sich bei jedem Zipperlein des überbehüteten Vierbeiners aus ihrer umfassend ausgestatteten Hausapotheke, die mal ihre Küche war, und überschüttet ihn mit allem, was das eigene Herz begehrt – nur der Hund begehrt es nicht wirklich, aber das bekommt sie leider gar nicht mit vor lauter Liebesaktionismus ... Und weil der Hund so treu und loyal ist, bietet er sogar von sich aus reichlich „Spielfläche" an. Immer hat er irgendwas und Frauchen kann sich das gar nicht erklären. Ganz erschöpft ist sie schon vom dauernden Hegen und Pflegen. Aber immer zieht sie sowas an. Allen ihren sieben Hunden, die sie nacheinander hatte, fehlte ständig was und irgendwann sind sie sogar dran gestorben.

Gut konditioniert? Gelerntes Verhalten? Auf jeden Fall tragisch!

Bei einer glücklicherweise glimpflicheren Variante dieses Phänomens wurde eine befreundete Tierheilpraktikerin jüngst zurate gezogen. Sie arbeitet als Homöopathin, Osteopathin und nimmt gegebenenfalls auch Tierkommunikation als Werkzeug mit dazu. Sie erzählt:

„Sam, ein 13-jähriger Collie, Frauchens Ein und Alles, bekommt jetzt im Alter immer mehr Probleme mit dem Bewegungsapparat. Er findet ständig irgendwelche Möglichkeiten, um sich zu „zerlegen". Er fällt seitlich von der Autorampe, bekommt die Kurve nicht, der junge Zweithund rempelt ihn an ... Da die Tierhalterin alles tut, damit Sam sein Alter möglichst schmerzfrei genießen kann, kommt sie mit ihm regelmäßig zur Behandlung in meine Praxis. Beim letzten Mal, nachdem alles wieder gerichtet war, bat sie mich, Sam zu fragen, ob er irgendetwas loswerden wolle. Sie habe so das Gefühl, dass ihm irgendetwas auf der Seele liege, was sie nicht deuten könne. Ich fragte Sam, schaute dann sein Frauchen an und sagte: „Wollen Sie ehrlich hören, was er gesagt hat?" Sie bejahte und ich teilte ihr mit, dass Sam völlig genervt sei, weil sie ihn so betüddeln würde und ihm regelrecht die Luft zum Atmen fehle. Daraufhin gestand sie mir, dass sie sich in letzter Zeit solche Sorgen um sein Herz mache, weil er auch öfter schwer schnaufe. Deshalb sei sie nachts schon mehrfach aufgestanden, um nachzusehen, ob Sam noch lebte. Aha – das schien Sam zu viel des Guten zu sein. Ich riet ihr, das Herz vom Tierarzt untersuchen zu lassen. Dann könnten wir ja weitersehen. Ein paar Tage später rief sie an und teilte mir mit, dass alles gut sei. Nun merkte sie plötzlich auch, wie sehr der Schlafmangel sie geschlaucht hatte. Seit dem klärenden Tierarztbesuch fühlt sie sich wie neu geboren, weil sie nachts endlich wieder ruhig schlafen kann. Na, und Sam erst ..."

WAS TUN, SPRACH ZEUS?

In manchen Philosophien heißt es, dass alles, was wir erleben, letztlich Projektion ist. Alles, was wir sehen oder in der Welt erfahren, ist also „hausgemacht". Buddha soll gesagt haben: „Es ist unser Geist, der die Welt macht."

Projektion läuft natürlich auf unterbewussten Ebenen ab, aber wenn wir dieses Prinzip durchschaut haben, gibt uns das die Kraft und die Möglichkeit, unseren Geist und dadurch die Welt um uns herum zu verändern. Das ist auch die These von Eckart Tolle, Chuck Spezzano und vielen anderen spirituellen Lehrern unserer Zeit: Unser Blick auf die Welt verändert die Welt, im Kleinen wie im Großen. In dem Augenblick, in dem ich meine Sicht auf meinen Hund verändere, wird sich auch mein Hund verändern. Blöd daran ist nur: Wenn man nicht gerade selbst ein Zenmeister oder auf dem besten Weg dahin ist, einer zu werden, dann klingt das vielleicht wunderschön und erstrebenswert – aber wie soll man da als ganz normales „menschliches Leinenende" bloß hinkommen? Wo ist der Selbsthilfeknopf, wenn man gerade mittendrin steckt, sich hilflos, verzweifelt, wie gelähmt fühlt und den Wald vor lauter Bäumen nicht sieht?

Naja, ganz pragmatisch gefragt: Was hilft Ihnen denn sonst, wenn Sie Ihr Spiegelbild unerträglich finden?

Erstens: Tief durchatmen.
Zweitens: Nicht vorm Spiegel stehen bleiben, bis Sie ihn zerdeppern möchten, sondern woanders hinschauen, sich ablenken, sich beruhigen – mit all den Strategien, die sonst auch funktionieren, rauskommen aus der Akutsituation.
Drittens: Noch mal tief durchatmen.
Viertens: Sich was Schönes gönnen, eine Auszeit, und sei es auch nur eine Zweiminutenoase. Schnuppern Sie an einer schönen Blume, halten Sie die Nasenspitze in die Sonne, trinken Sie einen liebevoll aufgeschäumten Cappuccino, erinnern Sie sich an einen Glücksmoment.

Wenn Sie noch etwas mehr Zeit haben: Machen Sie fünf Kniebeugen, rennen Sie einmal um den Block oder brüllen Sie im Auto. Powern Sie das Adrenalin raus. Sie dürfen sich auch die Decke über den Kopf ziehen, wenn Ihnen einfach nur zum Heulen ist – eine halbe Stunde später sieht die Welt schon wieder ganz anders aus. Wichtig ist: Egal, was Sie tun, treffen Sie eine bewusste Entscheidung, zu der Sie hundertprozentig Ja sagen. Nicht die Sahnetorte macht dick, sondern das schlechte Gewissen dabei!

Viertenseinhalb: Selbstliebe. Ganz wichtig! Freuen Sie sich an sich selbst. Holen Sie tief Luft und fühlen Sie, wie Sie dabei zu Hause ankommen, daheim in Ihrem Körper nämlich. Sie atmen, Sie leben, es geht Ihnen gut, jetzt und hier, in diesem Moment. Erlauben Sie sich Frieden, Dankbarkeit und Liebe für sich selbst – und für Ihren Hund. Denn eigentlich ist er ein großartiger Freund und Seelenkumpel, oder etwa nicht? Und zu 99 Prozent passt schon alles. Na sehen Sie.

Fünftens: Ressourcenstärkung. Machen Sie sich deutlich bewusst, was Sie können, was schon alles super klappt. Erinnern Sie sich an gute Momente, die Ihnen Kraft geben können, und sagen Sie sich: „Heute wird was Tolles passieren, ich werde lauter gute Nachrichten bekommen" oder etwas Ähnliches, das in der jeweiligen Situation passt. Es funktioniert! Energie folgt immer unserer Aufmerksamkeit.

Jetzt sind Sie dran. Füllen Sie Ihre persönliche Selbsthilfe-Trickkiste mit Inhalten!

Meine Selbsthilfe-Trickkiste

Mit Projektionen arbeiten

„Ungebildete sehen in einem A nur drei Stöcke."

(A. A. Milne, Pu der Bär)

„Damit gehe ich in Resonanz", bedeutet: Etwas, das ich erlebe, macht etwas mit mir. Damit bin ich passiv, das bedeutet, überspitzt ausgedrückt: Ich bin in der Opferrolle.

Tief durchatmen, mit sich selbst zufrieden sein, den Blick auf das Positive richten, all das kann in schwierigen Situationen helfen. (Foto: IBushuev/Shutterstock.com)

Es wird immer so sein, dass Dinge, die wir erleben, die wir beobachten, etwas in uns auslösen, das vom Ursprung her mit uns zu tun hat. Sie schwingen etwas in uns an. Und das ist gut so, denn es ist eine unserer Hauptfähigkeiten, dass wir uns berühren lassen, Mitgefühl entwickeln und unsere Spiegelneuronen feuern lassen können. Nur ist der Grat, auf dem wir uns dabei bewegen, schmal. Wir müssen gut für uns sorgen, damit wir nicht ins Negative kippen und aus einem überschwappenden Mitleiden keine Flutwelle wird, in der wir und die uns Anvertrauten ertrinken.

Wir haben immer die Möglichkeit, uns Dinge bewusst zu machen und dadurch etwas Grundlegendes zu verändern. Dann sind wir keine Opfer der Situation mehr, sondern wir sind Entscheider. Wir haben immer die Wahl, unser Verhalten in Bezug auf ein Ereignis zu verändern. Wir brauchen es nur zu tun!

Das Spannende ist, dass sich in der direkten Folge sogar Muster von Ereignissen verändern werden, weil wir nicht mehr so darauf reagieren, wie wir es bisher getan haben. Klar: Wenn ich beim Frisör war, wird mir ein anderes Spiegelbild entgegenblicken als zuvor. Wenn ich wütend in den Spiegel schaue, werde ich eine wütende blonde Frau sehen, die dringend den Frisör wechseln sollte. Wenn ich hineinlache, lacht sie zurück, und das mit dem Frisör ist gar nicht mehr wichtig. Und natürlich sehe ich mir an der Nasenspitze an, ob das ein ehrliches Grinsen war oder ein aufgesetztes. Meinem Spiegelbild kann ich viel erzählen – aber nichts vormachen. Das gilt natürlich genauso für meinen Hund!

Was wir im Spiegel sehen, sind nun mal auch unsere Schattenseiten – hell und manchmal unbarmherzig ausgeleuchtet. Unser Ego will sich dann mitunter drücken und weigert sich, das Offensichtliche anzuschauen. Wir stehen zu nah dran, um uns in voller Größe erkennen zu können, und somit wie der Ochs vorm Berg. Da ist es hilfreich, einen Schritt zurückzugehen; Abstand zu nehmen. So kann man das große Ganze besser sehen – und vor allem: etwas daraus machen!

ÄNDERE DIE ART, WIE DU
DEINEN HUND ANSCHAUST,
UND ER WIRD SICH VERÄNDERN!

Es gibt einen simplen Trick, den ich in meiner systemischen Ausbildung kennengelernt habe. Schreiben Sie auf, was Sie an Ihrem Hund stört. Beschreiben Sie auch seine Eigenschaften, all das, was er gut kann, was er nicht macht, was Sie schön finden und was Sie gern anders hätten. Schreiben Sie es hier auf, bevor (!) Sie weiterlesen.

So sehe ich meinen Hund

Nun schreiben Sie den Text bitte um: Streichen Sie überall das „er" oder „sie", mit dem Sie Ihren Hund meinen, durch, und ersetzen Sie es durch „ich". Ja, ganz genau. So wird aus „eigentlich ist er ein ganz Lieber, aber ständig klaut er Maiskolben vom Feld, wenn ich nicht aufpasse" „Eigentlich bin ich ein ganz Lieber, aber ständig klaue ich Maiskolben vom Feld". Das würden Sie nie tun? Es ergibt keinen Sinn? Doch, gleich! Ein bisschen Geduld bitte!

Im nächsten Schritt schreiben Sie alle negativen Eigenschaftswörter heraus, mit denen Sie Ihren Hund beschrieben haben.

Die positiven Zuschreibungen dürfen stehen bleiben, aber mit den negativen wollen wir uns im Folgenden genauer auseinandersetzen.

Tragen Sie sie bitte auf dieser Seite in der linken Spalte der Liste ein, Sie dürfen auch gern noch weitere ergänzen.

UMDEUTEN

Jede Medaille hat zwei Seiten. Vielleicht fällt es Ihnen anfangs schwer, aber lösen Sie sich jetzt bitte von Ihren Emotionen und betrachten Sie neutral die Begriffe, die Sie notiert haben. Deuten Sie im nächsten Schritt diese Eigenschaften um, finden Sie das Positive darin oder drücken Sie es zumindest neutral aus. So wird aus „halsstarrig" oder „hartnäckig" vielleicht „beharrlich" oder „ausdauernd". Aus „verfressen" könnte „selbstfürsorglich" werden und aus „nerviges Kläffen" womöglich wenigstens „lautes Auf-sich-aufmerksam-Machen."

In jeder Eigenschaft, die wir blöd finden, die uns aufregt oder ängstigt, steckt auch ein guter Aspekt mit drin – gleichrangig. Yin und Yang: Das eine existiert nicht ohne das andere. Es gibt immer einen positiven Anteil, eine Botschaft, die es sich anzuschauen lohnt, weil sie tatsächlich die Lösung birgt.

Negative Eigenschaft	Positiv umgedeutet

Wenn Sie emotional so verstrickt sind, dass es Ihnen schwerfällt, einen passenden Gegenbegriff zu finden, dann fragen Sie doch mal Ihre Freunde und Bekannten, was ihnen als positive Umdeutung des betreffenden Wortes einfällt. Den Zusammenhang zu Ihrem Hund brauchen Sie dafür gar nicht herzustellen. Es geht ums Prinzip, um die Botschaft, die verborgen im Wort selbst steckt – um den positiven Aspekt.

Das zweite Gesicht der Ohnmacht ist Hingabe. Hinter Angst versteckt sich die Vorsicht – und was wären wir ohne sie? Jeder Schmerz ist eine Warnung, jede Aggressivität ist auch ein Motor, eine Antriebskraft, die Überlebenskraft schlechthin. Und wieder gilt: Was wir aus all dem machen, ist entscheidend. Wie setzen wir es ein, konstruktiv oder destruktiv? Wo kippt es?

Wenn wir durchschaut haben, worum es eigentlich geht, was dahintersteckt, dann ist die Lösung meist ganz offensichtlich und schon sehr nah.

Es geht um uns. Jedes „mein Hund ist so", ist in Wahrheit ein „ich bin so". Was uns am anderen am meisten stört, sind Dinge, die uns an uns selbst nerven oder die wir unterdrücken. Vor ein paar Jahren sorgte eine wissenschaftliche Untersuchung für Furore. Es ging um Homosexualität. Interessanterweise konnten die Forscher anhand von Hirnstrommessungen beweisen, dass die Männer, die am lautesten und heftigsten schimpften, die ablehnend und abwertend homophob reagierten, tatsächlich unterschwellig die stärksten homoerotischen Neigungen hatten.

Das, was ich bei meinem Gegenüber als „Aufregerthemen" sehe, sind Anteile von mir selbst, die ich unterdrücke, mir nicht erlaube oder einfach nicht leiden mag.

Das ist die Botschaft. Ganz simpel eigentlich. In dem Moment, wenn Sie das erkennen, sich dieses Verhalten erlauben oder die Emotion zugestehen, die Sie an Ihrem Hund kritisieren, haben Sie das Problem schon beinahe gelöst.

Und das Beste: Ich bin überzeugt, dass Ihr Hund sich parallel zu dem in Ihnen stattfindenden Prozess mit verändert.

Warum ich mir da so sicher bin? Nun ja, was soll ein Spiegel denn sonst tun, wenn derjenige, der reinschaut, plötzlich ganz anders guckt? Er wird das neue Bild reflektieren. Er kann gar nicht anders. Sonst wäre es doch kein Spiegel.

Nehmen wir mal an, Ihr Hund räumt jedes Mal den Mülleimer aus, sobald Sie den Raum verlassen. Alles wird zerpflückt und zerfleddert, der Abfall durchwühlt, jeder Fitzel, der auch nur halbwegs verdaulich wirkt, zerbissen und aufgefressen. Irgendwie hat das anscheinend auch etwas mit Ihnen zu tun, denn Sie regen sich fürchterlich auf und machen sich große Sorgen, dass Ihr Hund sich den Magen verdirbt und davon krank wird. Und außerdem ist es eine Riesensauerei, die Sie da ständig wegputzen müssen. Eigentlich wissen Sie gar nicht, was Sie mehr aufregt: Der Dreck, der für Sie zusätzliche Arbeit bedeutet, oder dass der Hund etwas tut, was Sie ihm doch verboten haben und sich damit einfach nicht an Ihre Regeln hält, sondern sich glatt über sie hinweggesetzt!

Auch hier kommt die Erkenntnis, wenn Sie „mein Hund“ durch „ich“ ersetzen: Kennen Sie Situationen, in denen Sie den Müll durchwühlen, sobald Sie allein sind? Überlegen Sie mal ... in Ruhe ... klingelt's? Sie selbst fressen also quasi alles in sich hinein, was Sie oder andere schon längst entsorgt haben, und Sie sorgen sich gleichzeitig, dass Sie das krank macht – was auch oft genug der Fall ist, schätze ich mal. Heben Sie etwa alles auf? Kann es sein, dass Sie nichts wegwerfen können (nicht nur Lebensmittel)? Kennen Sie den Satz: Das kann man bestimmt nochmal gebrauchen!? Sind Sie das Sammeldepot der Familie? (Oh verflixt, das Thema kenne ich auch!) Oder beißen Sie sich im übertragenen Sinn an Themen fest, die Sie nicht loslassen können? Ihr Gedankenkarussell startet, sobald Sie allein sind? Zu viel Grübeln ist ungesund, wäre die nächste Interpretation, die mir dazu einfällt. Vielleicht steckt auch dahinter, dass Sie nicht verinnerlicht haben, sich aus der

Dem eigenen Spiegelbild kann man ebenso wenig etwas vormachen wie dem eigenen Hund.

Fülle bedienen zu dürfen und nicht die Reste der anderen verwerten zu müssen. Eine Angst, nicht genug zu bekommen ...

Meine Eltern zum Beispiel haben den Krieg und die Zeit der Entbehrungen durchlitten – da wurde nie etwas weggeworfen, das Alte verwertet, repariert, umgestaltet, aufgehoben, das Gute weggelegt für schlechte Zeiten und im Schrank vergessen.

Kommen wir zum nächsten Aspekt, der Unordnung, um die Sie sich kümmern müssen. Womöglich kommt hier auch ein ganz altes Muster aus Ihrer Kindheit hoch. Kommen Ihnen solche Szenen bekannt vor? Das Kind ist vertieft, spielt, überall liegen Sachen auf dem Boden verteilt, es hat Spaß und geht ganz in seiner Welt auf. Völlig in sich und sein Spiel versunken beschäftigt es sich mit sich allein – kein Spielkamerad weit und breit. Die anderen sind weg, haben zu tun ... Alleinsein. Und dann die Rückkehr der Großen, der Familienoberhäupter – mit schriller, lauter Stimme, die einem die Wiedersehensfreude vergällt, heißt es: „Räum dein Zimmer auf! Wie sieht das denn hier aus? Was ist das denn für ein Dreck? Was hast du wieder angestellt? Kann man dich nicht fünf Minuten allein lassen?"

Das schlechte Gewissen der Erwachsenen wird auf das Kind projiziert. Und alles, was es in Wirklichkeit braucht, ist doch ein bisschen mehr Aufmerksamkeit und Gesellschaft.

Auf allem herumkauen, ob essbar oder nicht – vielleicht macht das dem Hund nur Spaß, vielleicht sagt es auch etwas über uns selbst aus.

Wenn Sie verstehen, was Ihr Hund durchlebt, warum er die Dinge tut, die er tut – und zwar nicht, um Sie zu ärgern –, dann wird vieles leichter. Vielleicht wird er es nie sein lassen, im Müll zu wühlen, weil das nun mal ein schönes Hundespiel ist, aber erst in dem Moment, wo sich Ihre Einstellung dazu ändert, kann sich die ganze Situation entschärfen. Sie werden sich anders verhalten, andere Räume schaffen – und Ihr Spiegel wird auf all die Anteile reagieren, die etwas mit Ihnen zu tun hatten.

Es ist fast schon zum Trend geworden, einen Hund aus dem Tierschutz zu übernehmen, oft sogar aus dem Ausland. Gerade hier wissen wir nicht, was der Hund vorher erlebt hat. Wir können nur ahnen, was für Narben ein Aufenthalt in der Tötungsstation oder auf der Straße, traumatisiert, misshandelt oder halb verhungert, für Spuren in Fell und Seele gebrannt hat. Der Hund ist davon geprägt und wird geraume Zeit brauchen, sich von daraus resultierenden Verhaltensweisen zu lösen. Man braucht also viel Geduld und Erfahrung – und muss sich einmal öfter in die Fellnase hineinversetzen: Wieviel Panik empfindet ein solches Tier, wenn ich es allein im Haus oder im Auto zurücklasse? Kein Wunder, wenn er aus lauter Angst auf den Teppich gepinkelt hat, die Sofagruppe zerpflückt hat oder heult und bellt, bis Rettung naht. Wahrscheinlich hat ihm seine Stimme schon einmal das Leben gerettet.

Wenn wir uns bemühen, das Tier und sein Verhalten zu verstehen, wenn wir geduldig und einfühlsam mit ihm umgehen, ist das schon die halbe Miete. Oder würden Sie einen Kriegsveteranen dafür bestrafen, dass er zusammenzuckt, wenn ein Auspuff fehlzündet und laut knallt? Vielleicht schmunzeln wir heimlich, weil unsere Großeltern nichts wegwerfen wollen, aber hey: Sie können und wollen Dinge wenigstens noch reparieren!

Natürlich merkt Ihr Hund, dass Sie es gut mit ihm meinen – Sie müssen sich nur dementsprechend verhalten. Unsere Wut und unser Hass sind wie ein inneres Feuer, das unsere Heilung sehr erschwert. Zen-Meister Thich Nhat Hanh sagte bei einer Fragestunde im Mai 2014 im buddhistischen Kloster Plum Village (Frankreich): „Sobald wir Mitgefühl in unserem Herzen haben, findet Heilung sehr leicht statt. Mitgefühl ist sehr kraftvoll und mächtig, nicht schwach, wie manche Leute meinen. Es dient nicht nur dem Wohl unseres Gegenübers, sondern auch unserer eigenen Heilung."

GLAUBENSSÄTZE UND SELBSTKONZEPTE

Was wir durch das Verhalten, die Symptome und die Auffälligkeiten unserer Hunde zu sehen bekommen, sind also unsere Schattenseiten und ganz tief darunter verborgene Selbstkonzepte.

Kellerkinder

So nenne ich sie am liebsten, weil sie uns nichts Böses wollen, sondern einfach nur ans Licht. Ob wir sie nun als „Glaubenssatz", „Thema", „Problem" oder „Symptom" bezeichnen – Sie gehören zu uns. Sie sind ein Teil von uns. Und je mehr wir sie ausblenden, je sicherer wir die Tür zum Keller verriegeln, verbarrikadieren und zunageln – desto lauter werden sie da unten schreien.

Leider ist das so eine Tendenz in uns: Wegschauen, Symptome wegschieben, mit der Keule draufhauen, damit sie bloß still sind. Im Zweifel kommen sie dann aber an anderer Stelle nur umso heftiger wieder hoch. Stellen Sie sich vor, Sie würden ein Kraftwerk leiten. In der Schaltzentrale gibt es eine hübsch blinkende Leuchttafel. Diese signalisiert Ihnen mit grünen Lämpchen, wo im Kraftwerk alles rund läuft. Nur, wenn etwas nicht funktioniert, leuchtet es irgendwo rot. Was wir dann leider meistens tun, ist, einfach das Lämpchen zu übermalen oder rauszudrehen. So machen wir geraume Zeit weiter, während in der Fabrik das Wasser steigt und die nächsten Lämpchen die Farbe wechseln – statt einfach mal dahin zu gehen, wo ein Rohr undicht ist, vor Ort das Leck zu reparieren und das Wasser aus dem Keller zu pumpen. Auf Dauer macht das die Fabrik kaputt. Das kennen wir. Hunde sind auch irgendwie Lämpchen. Aber den Satz nun bitte nicht aus dem Zusammenhang reißen.

Ganz wichtig fürs Gelingen: Vergeben Sie Ihrem Hund das, was er alles anstellt, um Ihr rotes Lämpchen zu sein – und vergeben Sie sich selbst, dass Sie so lange nicht aufgestanden sind, um Wasser schöpfen zu gehen. Denn auch das ist eine alte Weisheit: Was wir anderen erlauben, schenken, geben, und vergeben, ermöglichen wir gleichermaßen auch uns selbst.

Also immer dran denken:

1. **Erkennen**
2. **Bedanken**
3. **Verzeihen**

Egal, was wir durch solche Spiegelübungen an Erkenntnissen über uns gewinnen – allein, dass wir etwas über uns erkennen, ist bereits der erste Erfolg. Dadurch, dass wir einen im Verborgenen wirkenden Mechanismus ans Licht holen, ihn aus dem Unterbewussten ins Bewusstsein rücken, knipsen wir bereits das Licht im Keller an. Jedes Gespenst verliert im Tageslicht seinen Schrecken und schrumpft auf Kindergröße. Auf die Größe eines sehr bedürftigen, hungrigen, schmutzigen, traurigen Kindes höchstwahrscheinlich …

Ob es nun Gier ist, Ohnmacht oder Wut, die der Hund uns aufzeigt, unsere Angst, nicht zu genügen, übersehen oder nicht für voll genommen zu werden – wenn wir für uns einen Weg finden, damit neu umzugehen, wird vieles leichter. Der Hund wird sich dadurch verändern, vielleicht sogar unser ganzes gemeinsames Leben.

Gedankenreise: Kellerkinder füttern und pflegen

Setz dich bequem hin und schließ die Augen. Stell dir vor, du betrittst ein Haus. Es ist dein eigenes Haus, dein Traumhaus und damit zugleich dein Seelenhaus. Schau dich in aller Ruhe um, zupfe ein bisschen an der Deko, mach die Fenster auf, lüfte gut durch. Aber halte dich nicht zu lange auf, denn wir wollen in den Keller. Genau: Wir machen uns auf die Suche nach deinen Kellerkindern

Dem eigenen Spiegelbild kann man ebenso wenig etwas vormachen wie dem eigenen Hund. (Foto: Annette Shaff/Shutterstock.com)

– immer eins zurzeit. Hast du ein spezielles Thema mitgebracht? Gibt es eine Eigenschaft, die dich beschäftigt? Eine, die du an deinem Hund als deine eigene erkannt hast? Schau mal hin. Gehe zur Kellertür, knipse das Licht an und gehe langsam die Treppe hinunter. Vielleicht siehst du es nicht gleich. Eventuell hat es genauso viel Angst vor dir wie du vor ihm. Aber irgendwo wird es sitzen, kauern, warten; dich erwarten. Welche Gestalt hat es? Wie groß ist es? Lass dich überraschen. Es wird dir nichts tun. Es will dir nicht schaden. Vielleicht sieht es gar nicht menschlich aus, sondern hat nur eine grobe Form – vielleicht zeigt es sich als Gnom, als Fabelwesen oder als etwas ganz Abstraktes. Vielleicht ist es auch nur ein kleines, verwahrlostes Kind. Ganz egal, was es ist: Taste dich heran, gehe so weit vor, wie es sich für euch beide sicher und gut anfühlt. Und dann frage das Wesen bitte, was es braucht, was es sich von dir wünscht, was du ihm geben kannst, damit es sich wieder wohl, verstanden und ernst genommen fühlt. Frage es, was ihm gut tut.

Ja, richtig, pflege es bitte. Wasche es, lass ihm ein warmes Schaumbad ein, du wirst alles an Zubehör im Keller finden, was du dafür benötigst. Mach es sauber, schenke ihm Trost, Geborgenheit und Liebe. Und füttere es. Es hat ganz bestimmt Hunger.

Je mehr du dieses vernachlässigte Kellerkind hegst, desto mehr wird es seine Form verändern. Es wird an Würde und Stärke zurückgewinnen und seine guten Seiten zeigen. Bring ihm Licht. Stell dir vor, dass die Kellerdecke eine Luke freigibt, die direkt den Blick in den Himmel erlaubt. Lass einen Strahl dieses wunderbaren, hellen Himmelslichtes auf euch beide niederleuchten. Dieses Wesen hat einen Grund, bei dir zu sein. Wenn du ihn kennst, kannst du deine Hausaufgaben machen. Deine Intuition wird dir helfen. Wenn du deine Hausaufgaben erledigt hast, hat dein Kellerkind seine Aufgabe erfüllt. Denn die besteht einzig darin, dich aufmerksam zu machen auf etwas, das du bisher versäumt hast. Wenn es sich gut anfühlt, nimm das kleine, saubere, satte Kellerkind auf den Schoß und kuschle ein wenig mit ihm. Badet beide im Licht, das du in den Keller gebracht hast. Genießt die Wärme und die Nähe. Du hast soeben einen Seelenanteil von dir wiedergefunden. Wenn ihr noch etwas Zeit braucht, um euch miteinander vertraut zu machen, ist es auch gut: Nehmt euch Zeit; nichts überstürzen. Komm einfach bald wieder! Lernt euch in Ruhe kennen! Wenn das Gefühl richtig gut ist, und erst dann, kannst du das Kleine auch mit in dich hineinnehmen, es vollständig integrieren. Wieder eins mit ihm werden.

Wie auch immer, wenn du meinst, für diesmal ist es genug, verlass den Keller mit einem guten Gefühl auf dem Weg, den du gekommen bist. Geh die Treppe hinauf ins Erdgeschoss, schließ die Tür, aber lass bitte das Kellerlicht an. Nimm dir nun noch einen Moment der Entspannung, vielleicht in deinem Lieblingssessel am Kamin. Dann verlass dein Haus wieder und komm mit tiefen, bewussten Atemzügen ganz langsam zurück in die Gegenwart, ins Hier und Jetzt. Streck dich, beweg deine Finger und Zehen und öffne deine Augen wieder.

Der Notizzettel unten bietet Platz, um eigene Gedanken aufzuschreiben.

Raum für eigene Notizen

DAS DILEMMA MIT DEN AFFIRMATIONEN

Unbewusste Glaubenssätze, Überzeugungen aus Kindertagen sind es, die tief in uns drin wie Schläfer arbeiten. In den unpassendsten Momenten stellen Sie uns ein Bein. Unsere bewussten Gedanken sind die eine Sache – und wir alle wissen, wie schwer es sein kann, diese unter Kontrolle zu halten. Das Unbewusste, unsere zugeschütteten Emotionen, hat die stärkeren Wurzeln. Die hatten ja auch viel mehr Zeit zu reifen und zu wachsen. Schon als kleine Kinder haben wir unzählige Glaubenssätze, Denkhaltungen, Überzeugungen eingepflanzt bekommen, die sich im Lauf der Zeit sicher überholt hätten – wären wir uns nur dessen bewusst, was wir da mit uns herumschleppen, statt es auszusortieren oder zumindest neu zu überdenken.

Der Buchmarkt ist voll von Lehrbüchern über gewinnbringendes Wünschen, Bestellungen im Kosmos, allerlei Klopftechniken und Merksätzen, um Überholtes aus dem Gedankengut zu verbannen. Da gibt es Nachschlagewerke über die tiefere Bedeutung von Krankheitssymptomen und dazu passende Neuformulierungen, die unser Gehirn grundreinigen, sauberwaschen und hochglanzimprägnieren sollen. Eine tolle Sache, sie hat nur einen Haken: Wir sind keine Autos.

Umformulierte Glaubenssätze, positive Affirmationen also, sind im Vergleich zu solide und tief gewachsenen Wurzeln recht zartes Gemüse. Es reicht eben nicht, nur bemüht positiv zu denken. Das wäre ein ungleicher Kampf zwischen Kopfschwingung und Bauchschwingung – und erinnern Sie sich an den alten Hermes Trismegistos und die hermetischen Schriften? Da gab es noch ein paar mehr Gesetze …

Wir müssen tatsächlich verinnerlichen, was genau abläuft. Und auch unser Unterbewusstsein muss daran glauben können. Ganz platt gesagt: Wenn ich mit 300 Kilo Lebendgewicht die Waage sprenge, mich vor den Spiegel stelle und mir brav vorbete: „Ich bin schlank" – dann lacht mein Unterbewusstsein Tränen und denkt: „Nee, is' klar – und blind ist die Dicke jetzt auch noch." Eine Affirmation kann nur funktionieren, wenn auch mein Unterbewusstsein damit einverstanden ist, sonst verursacht mir mein Merksatz nur noch mehr Stress. Ich brauche also eine Formulierung wie „Ich erlaube mir, schlanker zu werden" oder „Ich nehme jeden Tag ein bisschen mehr ab" und vor allem „Ich liebe und akzeptiere mich so, wie ich bin". Letzterer ist der Satz aller Sätze.

Die Frage ist ja vor allem: Was ist da passiert – was versuche ich durch Essen zu kompensieren, wieso bewege ich mich nicht genug? Versuche ich etwa, mir durch mein Gewicht ein dickes Fell anzuziehen? Geht es also in Wirklichkeit um Selbstschutz? Gäbe es da vielleicht andere Strategien, die mir dienlicher wären?

Wenn sich ein Zustand nicht ändert, den wir eigentlich gern anders hätten, gibt es in der Regel einen „heimlichen Gewinn". Das heißt, ein innerer Anteil bremst uns aus. Er blockiert die Veränderung auf der unterbewussten Ebene, weil wir auch einen Vorteil daraus ziehen, dass etwas so bleibt, wie es ist.

Die 300-Kilo-Frau erlebt es insgeheim vielleicht als Geschenk, dass sie in Ruhe gelassen wird. Vordergründig mag da Einsamkeit sein oder eine Sehnsucht nach Nähe – aber tief innendrin versteckt sich vielleicht die Angst vor Verletzung. So wird die Leibesfülle zum perfekten Abwehrmechanismus.

Der Dame, die sich nach Kräften über den Mülleimer leerenden, verfressenen Hund aufregt, tut es insgeheim vielleicht gut, auf die Art Dampf ablassen zu können, ohne sich dafür schämen zu müssen. Sie fühlt sich in ihrer Opferrolle als leidenswillige und zähe Hausfrau bestätigt, die gegen Windmühlen kämpft, sich dennoch nicht unterkriegen lässt und immer wieder aufsteht. Aber was würde passieren, wenn sie stattdessen mit einem Ausdauersport anfinge, der ihr auch noch Spaß macht? Wie würde sich daraufhin der Hund verändern? Ja, wie nur …?

Darum ist es so wichtig, sich diese Dinge bewusst zu machen, sie an die Oberfläche zu holen und zu bearbeiten. Dafür brauchen wir keine jahrelange Psychoanalyse. Wir müssen auch nicht alles mit dem Kopf „zerdenken". Es geht darum, uns mit all unseren Irrungen und Wirrungen anzunehmen, so wie wir sind. Durch unsere Vierbeiner werden wir mal zart, mal nachdrücklich darauf aufmerksam gemacht, dass wir versuchen, irgendwas unter den Teppich zu kehren, was uns auf Dauer nicht gefällt.

Erst, wenn wir wissen, welchen Ballast wir mit uns herumschleppen, können wir daran arbeiten, ihn loszuwerden.

KAMPF DEM SCHWEINEHUND!

Ja, ich weiß – es drückt und Ihr innerer Schweinehund bereut beinahe schon den Kauf dieses Buches. Das soll ein Hundebuch sein? Da geht es ja fast nur um den Menschen! Und diese ständigen Hausaufgaben, Gedankenreisen und Notizzettel arten in Arbeit aus!

An dieser Stelle komme ich noch mal dezent auf meine Ursprungsthese zurück:

Wenn Sie einen glücklichen Hund wollen, müssen Sie **an sich** arbeiten! Oder positiv ausgedrückt: Indem Sie anfangen anders zu denken und sich mit sich selbst auseinanderzusetzen, schaffen Sie beste Voraussetzungen dafür, dass Ihr Hund sich super fühlt.

Einzig der innere Schweinehund möchte, dass alles so bleibt, wie es ist. Also: Wer ist Ihnen lieber? Der Schweinehund in Ihnen oder der kuschelige Hund im Körbchen?

Kennen Sie einen einzigen Hund, der darüber grübelt, ob er zu dick oder zu dünn ist? Der sich fragt, ob er hässlich oder schön, schnell genug oder tapfer genug ist? Zerbricht Ihr Hund sich den Kopf darüber, ob Sie in jeder Hinsicht perfekt sind? Nein! Er liebt Sie einfach so, wie Sie sind, – in guten wie in schlechten Tagen – unbeirrbar, treu, loyal, bedingungslos. Er fragt sich nicht einmal, ob Sie schlecht drauf sind und warum, ob es gerecht ist oder nicht, wie Sie ihn behandeln.

Das alles enthebt uns erst recht nicht unserer Verantwortung diesen wundervollen Wesen gegenüber. Aber vielleicht können wir uns mal wieder eine Scheibe von den Hunden abschneiden, von ihnen lernen, wie man auf die Welt zugehen kann – und uns davon faszinieren lassen,

Wer sich selbst verändert, gibt auch seinem Hund die Möglichkeit, ein Problem „abzuschütteln".

wie die Welt zurückstrahlt, wenn da zum Beispiel so ein tollpatschiger kleiner Welpe fröhlich auf einen Griesgram zustolpert. Großartig, oder?

Albert Schweitzer hat mal gesagt: „So sehr mich das Problem des Elends in der Welt beschäftigt, so verlor ich mich doch nie im Grübeln darüber, sondern hielt mich an dem Gedanken, dass es jedem von uns verliehen sei, etwas von diesem Elend zum Aufhören zu bringen." Und wie wunderbar ist es doch, wenn wir damit nicht weiter als bis zu unserer eigenen (Keller)tür laufen müssen.

Ein wunderschönes Erlebnis dazu beschreibt Astrid aus Bayern:

„Ich befinde mich gerade in einer spannenden Phase meines Lebens. Meine Zeit ist ziemlich genau getaktet und durchstrukturiert, um allen einigermaßen gerecht werden zu können. Heute durfte ich dann mit meinem Pferd Celestino mal wieder einen ganz besonders innigen Moment erleben – es gewitterte und regnete in Strömen und ich kam „nur zum Putzen und Hallosagen" zu ihm an den Stall. Er kam sofort auf Zuruf über die Weide zu mir (das macht er nicht jedes Mal) und wir standen dann gemeinsam am Putzplatz. Noch vor dem Putzen hat er mir vermittelt, dass ihm gerade nach Nähe ist, und so habe ich den Striegel wieder zur Seite gelegt und einfach

Ist Astrid beim Spaziergang entspannt, sind ihre Hunde es auch. (Foto: privat)

seinen Kopf in meinen Arm genommen. Und nun hatten wir einen jener besonders innigen Momente, in denen Liebe pur fließt. Einfach unbeschreiblich!

So beflügelt und voller Liebe und Glück fuhr ich wieder nach Hause. Dort angekommen habe ich meine beiden Huskys an die Leine genommen und bin mit ihnen im strömenden Regen spazieren gegangen – einfach so. Mir lief das Wasser am Kopf herunter und ich marschierte mit den beiden unsere „Hausrunde". Dann kam uns ein bestimmtes Pärchen mit Hund entgegen – normalerweise flippt Calimero dann aus und will auf Biegen und Brechen zu dem anderen Hund hin, während Nelly, die fremde Männer einfach nur gruselig findet, unbedingt weg will … Aber heute liefen ***beide*** *an der lockeren Leine an der kleinen Gruppe vorbei – ein kurzes Fiepen von Calimero – das war's. Einfach so! Meine beiden Hunde waren in einer Situation ganz locker und entspannt, die mir so manches Mal den Schweiß in die Poren treibt.*

Ich bin überzeugt, dass es diese riesige Portion Liebe und Frieden von Celestino war, die mich noch umhüllte, und die Hunde spiegelten genau dieses Gefühl! Das war wunderbar."

Manchmal sind es Kleinigkeiten, manchmal auch große Veränderungen, die unsere Hunde uns aufzeigen. Ein Beispiel dafür, dass einige Knoten quasi von allein platzen, ist Motte, eine süße, quirlige Mischlingsdame, die zu Kathrins Rudel gehört. Seit geraumer Zeit wirkte sie auf Kathrins Mutter unglücklich, fast schon depressiv:

„Da wir im gleichen Haus wohnen, beobachte ich eine enorme Veränderung bei Motte. Sie wirkt genauso traurig wie Kathrin. Ich sehe regelrecht, wie dieser kleine Hund mit Kathrin leidet. Es spiegelt sich absolut die Traurigkeit und Unsicherheit vor der Zukunft in diesem kleinen Hund wider. Sie geht mit gebeugtem Haupt und langsamen Schritten in den Garten. Keine lustigen Sprünge oder Schwanzwedeln, wenn ich sie anspreche. Da, wo Kathrin ist, ist auch Motte. Sie liegt zwar auch auf ihrer Lieblingsliege im Garten, ist aber dabei immer aufmerksam und nie so entspannt wie sonst. Die beiden sind schon irgendwie seelenverwandt und daher kann ich diese Veränderung nur bei ihr erkennen. Die beiden anderen Hunde Pino und Emil sind so wie immer. Bis jetzt jedenfalls."

Gesundheitlich also alles tipptopp. Nur das Gemüt … Wie sich herausstellte, schwelte ein Konflikt in der Beziehung. Die Partnerschaft, die nach außen so harmonisch wirkte, bröckelte. Solange Frauchen die Entscheidung, sich zu trennen, vor sich herschob, ging es Motte zusehends schlechter. Sie litt mit. Und als endlich das klärende Gespräch vorüber war, der Lebensgefährte in aller Freundschaft seine Sachen packte und auszog, war der Hund sofort wie ausgewechselt: viel ruhiger, ausgeglichener und endlich wieder fröhlich.

(Foto: Uwe Janssen)

LÖSUNGSMÖGLICHKEITEN FÜR DIE ETWAS SCHWIERIGEREN FÄLLE

Was aber ist zu tun, wenn es nicht ganz so offensichtlich ist, wie man das Kind wieder aus dem Brunnen bekommt – oder den Hund aus dem Teufelskreis der Symptome?

Spätestens seit Schneewittchen wissen wir: Spiegel sagen immer die Wahrheit. Und spätestens seit Shrek wissen wir: Das bekommt ihnen nicht immer gut. Was also können wir tun für das Wohl unserer zauberhaften vierbeinigen „Spiegel"?

Vieles können wir selbst aufspüren und lösen. Manchmal aber finden wir einfach nicht heraus, worin die Ursache besteht – oder wie wir sie abstellen können. Es entsteht ein diffuses Gefühl von: Die Sache hat wohl was mit mir zu tun – aber ich weiß beim besten Willen nicht, was dahintersteckt und wie ich das Problem beheben kann. Was dann? Wenn uns alles zu verworren erscheint und wir den Durchblick verloren haben?

Hilfreiche Unterstützung beim Augenöffnen können Homöopathie, Tierkommunikation oder Bachblüten bieten. Kinesiologische Sitzungen, zum Beispiel das BodyTalkSystem™ oder Three In One Concepts® gehen auch sehr in die Tiefe der Psyche und wirken auf Seelenebene, genau wie die systemische Therapie in Form von Aufstellungen oder ähnlichen Vorgehensweisen.

Wenn ich Ihnen in dieser Hinsicht raten darf: Begeben Sie sich und Ihr Haustier nur in erfahrene, auf die jeweilige Therapieform spezialisierte Hände. Mündliche Empfehlungen und wieder einmal Ihr eigenes Bauchgehirn sind gute Ratgeber bei der Wahl des geeigneten Mittels und des richtigen Therapeuten, der Sie im Prozess begleiten soll. Die meisten von uns haben ein hervorragendes Bauchgefühl, was ihren Hund angeht. Ich kann Ihnen nur wünschen, dass Sie darauf vertrauen lernen und es nicht als Einbildung abtun. Das wäre so schade …

Fünf Sinne und ein sechster

„Bedenke im Gespräch mit Eulen, dass sie der Meinung sind, es liege weit unter ihrer Würde, über kleine Kuchendinger mit rosa Zuckerguss zu reden."

(A. A. Milne, Pu der Bär)

„Eine Menge Leute reden mit Tieren, aber nur wenige hören ihnen zu." Diesen Ausspruch, den Sie bereits zu Beginn dieses Buches gelesen haben, hat der Autor Benjamin Hoff dem berühmten Winnie Pu ins Teddybärenmäulchen gelegt. Und es steckt für mich so viel Wahrheit darin. Wie oft hören wir in Tierarztpraxen den Stoßseufzer: „Ach, wenn er doch nur sprechen könnte, wenn er mir sagen könnte, was ihm fehlt!"

Kann er ja. Nur hört selten jemand einer Fellnase wirklich zu.

Nehmen wir nur mal an, Hunde könnten uns tatsächlich mitteilen, was sie fühlen, empfinden, womöglich sogar denken ... Wenn Sie sich nicht darauf einlassen wollen – auch gut – überspringen Sie gern dieses Kapitel oder besser noch, lesen Sie es, schütteln Sie den Kopf und dann lesen Sie weiter, als wäre nichts geschehen.

TIERKOMMUNIKATION

Hier geht es um Patches, 30 Zentimeter geballte Lebensfreude. Zu Frauchens großer Panik schießt er am liebsten quer zur Auffahrt aus dem Gebüsch vor den Wagen. Spaß haben bedeutet für ihn Extremsport: Autos jagen und gejagt werden. Im Interview würde er Folgendes zu Protokoll geben – seinen Schlüssel, so wie er die Welt sieht:

„Ich will ihr gern vermitteln, dass ausgelassen sein und Spaß haben auch Teil ihres Lebens sein kann, wieso denn nicht? Warum immer so verbissen und ernst, sie kann auch anders, das geht auch mal ohne Rahmen. Vielleicht können wir ja mal zusammen jagen gehen? Licht ist cool, Glühwürmchen, Taschenlampenkegel, alles Mögliche. Ich bin auch für andere Reize empfänglich, klar, wenn sie was Besseres bietet?! Ansonsten bespaße ich mich selbst. Das macht mir Freude, wer macht mit? Ich brauche das, muss mich auspowern und toben und spielen bis zum Umfallen. Sie braucht diese Lebendigkeit auch. Sie tut ihr gut, tut allen hier gut, hier fehlt immer ein wenig Leben und Schwung und Energie. Das müssen wir uns herholen, dann lässt das andere auch wieder nach. Also: Was spielen wir jetzt?"

Vergessen Sie für einen Moment, ob Sie es verstandesmäßig für möglich halten, dass ein Hund so etwas übermitteln könnte – auf welchen Wegen auch immer.

Ich habe dieses Interview tatsächlich im Auftrag der Hundehalterin geführt und sie mit dem Ergebnis konfrontiert. Ihre Einschätzung: Die Aussage war bestechend nah an ihrer Lebenswelt; das bestätigte sie mir. Ich weiß nicht, was sie daraufhin verändert hat, oder ob meine Erklärungen an den kleinen Racker, mein Schimpfen und die bildhafte Warnung vor den Gefahren seines Freizeitvergnügens ausreichten – ganz nebenbei erfuhr ich jedenfalls einige Wochen später, Patches habe seit meiner Kommunikation mit ihm nie wieder ihrem Auto aufgelauert oder andere gejagt. Bis heute! Zufall?

Sie kennen ja mein kleines Berufsgeheimnis längst. Manchmal werde ich also tatsächlich darum gebeten, mit einem Hund wortwörtlich zu „reden". In meiner Funktion als Tierdolmetscherin gehe ich einen Schritt weiter als die meisten Hundetrainer oder Tierpsychologen. Mein Augenmerk liegt nicht auf Körpersprache und Verhaltensweisen. Die Erziehung oder Prägung meines vierbeinigen Klienten sind für mich eher nebensächlich. Ich nehme auf, was den Hund gedanklich – emotional, mental – bewegt, ich höre zu und gebe weiter. Ich schreibe alles auf.

Manche Hunde brauchen richtig Action, um glücklich zu sein. Was braucht Ihrer?

Das ist der erste Schritt für Veränderung, manchmal sogar für Heilung, und er setzt immer die Bereitschaft des Halters voraus, sich mit der Lebenswelt seines Hundekameraden auseinanderzusetzen. Die Dinge aus seiner Perspektive zu betrachten und diese Hundesicht so ernst zu nehmen, dass er nötigenfalls Veränderung ermöglicht und praktisch umsetzt.

Ich verstehe mich als Übersetzerin, manchmal auch als Mittlerin, als Mediatorin. Tierkommunikation macht nicht alles möglich, aber einiges.

Jeder kann das trainieren. Natürlich kennen auch Sie diese Momente, in denen Sie Ihren Hund nur anzuschauen brauchen und genau wissen, was er gerade denkt. Oder das Telefon klingelt und Sie wissen schon vorm Abheben, wer dran ist. Oder denken Sie an den Hund, der in der Ferienbetreuung just an dem Tag aufhörte zu fressen, als sein Frauchen mit Herzinfarkt ins Krankenhaus eingeliefert wurde. Alles Zufall?

Der englische Verhaltensforscher und Biologe Rupert Sheldrake hat erforscht und empirisch durch zahlreiche Studien belegt, dass Menschen wie Hunde tatsächlich einen sechsten Sinn haben, wobei der von Hunden allerdings weit präziser funktioniert als der unsere, und dass wir mit unseren Tieren in einer direkten Herzensverbindung stehen. Sie bilden es sich nicht ein, Ihr Hund weiß tatsächlich, ob Sie traurig sind (und worüber!). Der Hund weiß verlässlich, wann Herrchen nach Hause kommt, und wird unruhig, sobald dieser das Büro abschließt, und zwar unabhängig von Wochentag und Uhrzeit. So verlässlich, dass Frauchen sich mit dem Einschalten der Kaffeemaschine danach richtet und nie daneben liegt.

Wir alle haben so einen sechsten Sinn. Jeder von uns kennt ähnliche Phänomene: Das Gefühl, den Routinetermin beim Tierarzt ganz dringend nach vorn ziehen zu „müssen" – wo dann tatsächlich eine akute und dringend behandlungsbedürftige Gebärmuttervereiterung entdeckt wird. Oder als kleine Aufmerksamkeit im Supermarkt doch noch die teuren Leckerlis mitzunehmen – und zu Hause viel überschwänglicher als sonst begrüßt zu werden, „als ob er's schon gewusst hätte ...".

Um Missverständnissen vorzubeugen und es ganz deutlich zu machen: Meine Art der Kommunikation ersetzt weder einen Tierarzt oder Tierheilpraktiker noch eine Hundeschule oder einen Physiotherapeuten. Ich kann keinem Hund das Jagen oder ein anderes unerwünschtes Verhalten abgewöhnen. Jagdverhalten ist ein natürlicher Instinkt. Der Hund ist ein Hund, kein intellektuelles Wesen. Wenn er etwas nicht will, dann will er nicht. Wohl aber kann ich herausbekommen, warum der Hund jagt. Aus Langeweile? Aus purer Abenteuerlust? Weil Herrchen sich während des täglich gleichen Spazierweges mehr für sein Handy oder die menschliche Begleitung interessiert als mit der Aufmerksamkeit bei seinem Hund zu sein? Oder wie bei Patches, der mit seinem Verhalten sein Frauchen

Unsere Hunde können uns mehr mitteilen, als wir vielleicht glauben mögen. Wir müssen ihnen nur wirklich zuhören.

gespiegelt und ihr so aufgezeigt hat, wo es bei ihr fehlte: an (aus-)gelebter Lebensfreude und Energie. So bekommt der Mensch durchs Zuhören Hausaufgaben. Das ist die Chance auf Veränderung für beide Seiten.

Oft genügt es tatsächlich, wenn unsere Tiere einmal wirklich gesehen beziehungsweise gehört werden. Wenn sie ihr Herz ausschütten, ihre Sicht der Dinge dem Menschen verständlich machen können. Wer möchte das nicht?

Eine Verhaltensänderung kann ich nicht erzwingen, sie kann nur aus Absichtslosigkeit im taoistischen Sinn und tiefem Mitgefühl heraus erfolgen.

Doch es gibt auch die unliebsamen Wahrheiten, versteckt hinter klassischen sogenannten Double-Bind-Botschaften (das sind miteinander in Widerspruch stehende Botschaften). Ähnliche Beispiele hatten wir schon:

Die Familie des Mischlingsrüden Herkules rief mich ganz verzweifelt an, weil der Hund die Nachbarin inzwischen nicht mehr nur wütend verbellte, sondern auch schon heftig in die Wade gezwickt hatte, als diese ein für sie entgegengenommenes Päckchen abholen wollte. Er sei doch sonst so friedlich. Man konnte sich das Verhalten nicht erklären und bat um mei-

ne Dienste als Tierkommunikatorin. Also versetzte ich mich – ähnlich wie in unserer ersten Gedankenreise – in den Rüden hinein und erspürte ganz direkt, was in ihm vorging. Nun, Herkules wurde sehr deutlich und dabei kam höchst Überraschendes heraus. Ich notierte: „Keiner hier kann sie leiden. Ich bin der Einzige, der sich traut, das auch offen zu zeigen. Ich mache sie, die Drecksarbeit, das ist wohl mein Job. Und dann werde ich dafür auch noch ausgeschimpft. Was wollen die eigentlich?" Beschämt gaben seine Menschen zu, dass man natürlich höflich und gesittet miteinander umging, insgeheim aber tatsächlich wenig Sympathie für die Dame hegte.

Gibt es so etwas? Ich glaube nicht an Zufälle. Ich glaube an das, was die moderne Hirnforschung bestätigt. Daran, dass unser Gehirn zu enormen Leistungen fähig ist, enorme Flächen scheinbar brachliegen und wir Areale, die wir häufig benutzen, zu wahren Datenautobahnen pushen können.

Vielleicht ist es eine Art Inselbegabung. Manche Menschen können erstaunlich gut rechnen, andere perfektionieren ihr Gedächtnis. Ich kann also Tiere verstehen. Ich bin nicht die Einzige. Die Autistin Dr. Temple Grandin ist Expertin auf dem Gebiet der Verhaltensbiologie der Nutztiere und hat die US-amerikanische Viehhaltung revolutioniert, indem sie sich in die Tiere und ihre Bedürfnisse hineinversetzt. Das Denken in Bildern und die größere sensorische Empfindsamkeit unterscheidet für sie Autisten von Nicht-Autisten – vielleicht auch Tierversteher von Nicht-Tierverstehern?

Aber ganz egal, ob Sie nun eine Art telepathische Verbindung zwischen Mensch und Tier für möglich halten oder nicht – für mich ist eine funktionierende Kommunikation vor allem eine Frage des Fokus. Energie folgt der Aufmerksamkeit. Und daran hapert es in den meisten Mensch-Hund-Beziehungen. Entsetzlich oft beobachte ich, wie leicht Menschen sich ablenken lassen – und das ist die Sekunde, in der es dem Hund langweilig wird und er sich eigene Abwechslung sucht: Vögel jagen, herumpöbeln, Kartoffeln stoppeln – je nach Veranlagung und Laune.

Ein leinenloser Hund bleibt stehen oder geht stiften und der Mensch bemerkt es erst, wenn er schon 50 Meter weitergegangen ist und sich suchend umdreht. Wie oft sind wir aus reiner Lethargie inkonsequent? Weil es anstrengend würde, uns mit etwas auseinanderzusetzen, uns vom Sofa zu erheben oder einfach nur mal aus dem gewohnten Trott mit dem Hund auszubrechen, unser eigenes Tun zu hinterfragen, Dinge zu verändern ...?

Will ich also wahrhaftig (was für ein schönes Wort!) wissen, wie es meinem Tier geht, was in meinem Hund vorgeht? Oder ist mir das zu unbequem, zu konsequenzlastig? Denn was tue ich, wenn mein Hund sich etwas von mir wünscht – eine Verhaltensänderung, eine Haltungsänderung? Etwas, das tatsächlich von mir fordert, dass ich den inneren Schweinehund überwinde, etwas anders mache? Oft genug packen uns unsere Vierbeiner bei den hausgemachten, ureigenen Lebenslügen.

Eine indianische Weisheit besagt: Beurteile keinen Menschen, bevor du nicht hundert Schritte in seinen Schuhen gegangen bist. Lassen wir das doch auch für unsere Haustiere gelten. Es braucht keine Telepathie und nicht mal hundert Schritte, sondern nur ein bisschen guten Willen, sich in seinen Hund einzufühlen, hinzuschauen, das Tier wahrzunehmen in seiner Einzigartigkeit und zu erspüren, was es wirklich braucht. Zu hinterfragen, was eine Auffälligkeit mit einem selbst zu tun hat, und eine gewisse Gelassenheit an den Tag zu legen für die kleinen und großen Marotten, die der Vierbeiner so – und niemals ohne Grund – an den Tag legt.

Tierkommunikation nimmt mir meine Verantwortung dem Hund gegenüber nicht ab. Vielleicht ist sogar das Gegenteil der Fall. Und nein, mein Hund hört nicht besser oder schlechter als andere auch. Aber da wir „miteinander reden“ können, muss ich mich auch nicht ständig meiner Autorität versichern. Ich erziehe meinen Hund – und ich begreife ihn umgekehrt als meinen Coach, der genau reflektiert

Miteinander statt nebeneinander her – das ist die Basis jeder guten Mensch-Hund-Beziehung.

und projiziert, wie ich mit ihm umgehe. Miteinander oder nebeneinander her – das ist für mich eine Grundsatzfrage. Miteinander bedeutet für mich, dass ich mich für meinen Gefährten interessiere und seine Bedürfnisse nicht aus Egoismus, Bequemlichkeit oder Achtlosigkeit vernachlässige. Da mache ich keinen Unterschied zwischen Zwei- und Vierbeinern. Der Blickwinkel verschiebt sich; die Weltsicht auch. Und das wird so selbstverständlich, dass es mir manchmal gar nicht mehr auffällt.

So wie neulich abends, als eine blinde Hündin, mit der ich manchmal meine Abendrunden drehe, ganz direkt auf mein bildliches Denken reagierte. Ich meinte, eine Sekunde zu spät an eine Frühwarnung für ein unvorhergesehenes Hindernis gedacht zu haben. Doch bevor ich den Mund aufmachen konnte, im Kopf bereits die Kollision, wich sie erstaunlich zielsicher aus. Als hätte sie durch meine Augen gesehen, was ich sah. Da erst wurde mir bewusst, dass wir seit unserem Kennenlernen ja genau das tun: Auf ihr Handicap eingestellt sende ich ihr ständig Bilder unseres Weges: hier der Bordstein, da die Laterne, der Baum, das geparkte Auto. Sie reagiert immer darauf – es funktioniert, solange ich bei der Sache bleibe. Das ist perfektes Fokustraining im Alltag.

Natürlich ist mir bewusst, dass dies nicht die einzige Erklärung für derlei Phänomene ist. Unser aller sechster Sinn existiert nicht im luftleeren Raum, losgelöst von den anderen. Immer handelt es sich um ein Zusammenspiel dessen, was wir wissen, was wir können und was wir mit den anderen fünf Sinnen erfahren. Und auf keine Wahrnehmungsart möchte ich verzichten, denn so verstehe ich Ganzheitlichkeit. Tieferes Verstehen, darum geht es für mich, das ist mein Ansatz.

Und natürlich geht es auch um praktische Hilfestellung. Wie oft bin ich der letzte Strohhalm, weil der Tierarzt nichts findet, der Tierpsychologe oder Trainer nicht weiterkommt. „Man müsste ihn fragen können." – Nein, man muss ihn fragen wollen! Und man muss auch die Antwort hören wollen! Da sitzen die meisten unserer versteckten Ängste.

Die stärkste Grenze einer solchen Tierkommunikation ist wohl schlicht der Mensch. Dazu fällt mir das Schreiben einer Hundebesitzerin ein, die ganz dringend wissen wollte, warum ihre Rassehündin denn einfach nicht aufnehmen wolle – zum vierten Mal besamt und wieder nichts ... Ich habe zurückgefragt, warum der Hund denn unbedingt tragend werden müsse, und was die Konsequenz für das Tier wäre, wenn in der Kommunikation herauskommen sollte, dass es nicht wolle, warum auch immer? Zwischen den Zeilen habe ich (so diplomatisch ich konnte) in den Raum gestellt, ob das Thema Schwangerschaft und Kinderwunsch vielleicht auch etwas mit einer womöglich unerfüllten Sehnsucht Frauchens zu tun haben könnte ...

Ich erhielt keinen Auftrag, nicht einmal mehr eine Antwort. Vermutlich hätte

Eine Unart? – Wohl eher Versuch, auf etwas aufmerksam zu machen.

meine Kontaktaufnahme zu der Hündin auch nicht das Gewünschte bewirkt. Im Bekanntenkreis wurde mir eine ganz ähnliche Geschichte erzählt. Da versuchte ein Paar verzweifelt und jahrelang, Eltern zu werden. Als alle Versuche erfolglos blieben, schaffte es sich eine Hündin an, mit dem erklärten Ziel, mit ihr zu züchten. Erraten Sie, wie es weiterging? Es wurde nichts, die Hündin nahm niemals auf und blieb also ebenfalls ohne Nachwuchs.

Die meisten Hunde äußern sehr klar, wo es wehtut, woher ihr Verhalten kommt oder was ihnen gut tut. Auch wenn eine Kommunikation niemals eine Behandlung ersetzt – oft kann sie einen entscheidenden Hinweis ans Licht bringen, der manchmal sogar Leben rettet. Aber sind wir auch dann noch aufnahmebereit, wenn es um unsere eigene Persönlichkeit geht? Wenn der Hund mitteilt, dass er nicht so lang allein bleiben möchte, der Zigarettenrauch stinkt, Herrchen immer sooo lang wie paralysiert auf dem Sofa sitzt und in einen Flimmerkasten starrt, Frauchen ständig arbeitet und sich einfach nicht zum Spielen auffordern lässt. Wenn herauskommt, dass der teure Zuchthund Ausstellungen furchtbar findet und lieber Schafe hüten würde – wenn Themen wie Partnerersatz oder unerfüllter Kinderwunsch deutlich zutage treten?

Noch mal: Ob man Telepathie nun für möglich hält oder nicht, die meisten Wünsche unserer Tiere sind in Wirklichkeit ganz einfach zu befriedigen. Wenn wir uns und unseren eigenen Bedürfnissen nur nicht selbst so im Weg stehen würden. Hören wir doch unseren Hunden zu, sie meinen es gut mit uns ...

So eine Geschichte hat auch Nicole erlebt, eine ehemalige Schülerin von mir:

Aron ist einfach glücklich, eine Familie zu haben. (Foto: Privat)

„Aron kam ganz unerwartet zu uns. Eine Anzeige vom Tierschutz in der Zeitung, mein Mann war sofort in den Hund verliebt und zwei Tage später hatten wir ihn. Polizeilich beschlagnahmt, sieben Wochen Tierheim und davor Bretterverschlag – mit dieser Geschichte kam er vierjährig und roh wie ein Welpe zu uns. Das war ein schweres Stück Arbeit für alle Beteiligten, da Aron nichts kannte und mit uns und seiner Umwelt völlig überfordert war.

Es war geplant, dass mein Mann sich hauptsächlich um den Auslauf kümmert. Ein Schlittenhund mit vier Jahren Nachholbedarf bedeutet Power pur. Dann veränderte sich mein Mann beruflich, hatte nicht mehr die nötige Zeit und somit war ich gefragt. Ich fühlte mich überfordert, denn der Tag hatte für mich ohnehin schon zu wenig Stunden: Ich war sauer, weil eigentlich mein Mann die treibende Kraft bei der Entscheidung für den Hund gewesen war, und nun hatte doch ich wieder alles am Hals. Es tat mir zwar leid, aber ich konnte nicht anders. Ich hatte auch ein ziemlich schlechtes Gewissen Aron gegenüber, weil ich wusste, dass er mit Sicherheit spürte, dass er mir (hart ausgedrückt) zur Last fiel. Irgendwie fing Aron an, sich zu verändern. Er machte so einen zurückhaltenden, traurigen Eindruck. Ich merkte, dass das mit mir zusammenhing und mit meiner Haltung ihm gegenüber, konnte aber nicht aus meiner Haut. Auf das Naheliegendste kam ich natürlich nicht – bis mein Mann meinte, ob ich nicht mal mit ihm kommunizieren wolle. Ach ja, ein super Rat! Allerdings konnte ich nicht mit Aron reden. Ich hatte echt Bammel vor dem, was ich da zu hören bekäme (so viel schlechtes Gewis-

sen!). Also suchte ich Hilfe bei einer Kollegin. Ich bat Sie, Aron zu fragen, wie es ihm gehe und ob ich ihm helfen könne.

Aron sagte: ‚Sie soll sich nicht so stressen. Dafür gibt es überhaupt keinen Grund. Ich bin so glücklich und zufrieden, dass ich bei ihnen sein darf. Mir geht es so gut wie niemals zuvor. Ich möchte hier einfach nur sein, mehr brauche ich nicht.' Ich war so gerührt über diese Worte. Mir kullerten die Tränen und ich merkte, wie sich mein innerer Knoten löste und meine Abwehr wie ein Kartenhaus in sich zusammenfiel. Plötzlich war mein Stressgefühl wie weggeblasen. Seitdem haben wir wieder einen vergnügten und ausgelassenen Hund und alles ist ganz entspannt – und funktioniert. Ich bin jeden Tag dankbar für den tollen Hund, der uns damals so ganz unvorbereitet ins Haus geschneit kam."

HOMÖOPATHIE, BACHBLÜTEN UND CO.

Immer mehr Tierärzte setzen in ihrer Arbeit Schwerpunkte, und damit meine ich nicht nur die Spezialisierung auf Augen, Zähne oder Chiropraktik. Alternative Behandlungsformen halten Einzug in so manche Tierarztpraxis, weil die Schulmedizin zwar vieles, aber eben nicht alles kurieren kann. Dennoch macht es einen Unterschied, ob ich mein Tier von jemandem behandeln lasse, der Akupunktur unter „ferner liefen" anbietet, oder von jemandem, der sich der traditionellen chinesischen Medizin voll und ganz verschrieben hat. Der TCM mit ihrer Fünf-Elemente-Lehre liegt eine ganz andere Denkweise zugrunde als unserer westlichen Medizin. Hier sollen keine einzelnen Symptome behandelt werden, sondern es geht darum, die Ursache aufzuspüren. Heilung wird als Lösen von Blockaden auf Meridianebene verstanden. Die hohe Schule ist es, den einen Punkt zu finden, der als Auslöser zugrunde liegt und letztlich alle Störungen in Gang gesetzt hat. Wer einen „Kopfschmerzpunkt" behandelt oder nach stereotypem Lehrbuchmuster Nadeln in die immer gleichen Akupunkturpunkte setzt und nach von vornherein festgesetztem Zeitfenster wieder zieht, der hat das Prinzip nicht verstanden. Es mag zu kurzfristiger Linderung führen, aber das Symptom wird zwangsläufig zurückkommen oder sich in einen anderen Bereich verschieben. Auf lange Sicht geht so eine Herangehensweise ebenso nach hinten los, wie wenn Sie mit gepflegtem Halbwissen Globuli in sich hineinstopfen – nach dem Motto: Was sollen Milchzuckerkügelchen schon für Schaden anrichten? Na ja – fragen Sie das mal einen klassischen Homöopathen …

Wenn Hund, Kind oder ich selbst irgendwo dagegen gerempelt sind oder bekannte Zipperlein sich melden, habe auch ich meine kleine homöopathische Hausapotheke und weiß, zu welchen Kügelchen ich greifen kann – alles andere gehört in fachkundige Hände.

Ich persönlich habe mehr Vertrauen zu einem Tierarzt oder Tierheilpraktiker, der seine Schwerpunkte auf einige weni-

Alternative Heilmethoden können auf dem Weg zum Hundeglück eine wichtige Unterstützung sein.

ge, gern einander ergänzende Methoden gelegt hat und sich auf diesen Gebieten dank kontinuierlicher Fortbildung auf dem neuesten Stand hält. Mir ist es lieber, wenn er seine Kompetenzen kennt und mich gegebenenfalls an einen Spezialisten überweist, statt in tausendundeinem Wochenendworkshop in alles Mögliche auch mal hineingeschnuppert zu haben und sein gepflegt gefährliches Halbwissen feilzubieten wie saure Milch. Oder wie sehen Sie das?

Gerade Homöopathie, Akupunktur oder Bioresonanz sind für mich Felder, die man nicht an drei Wochenenden erlernen kann – man muss seine Fertigkeiten darin über Jahre schulen und Erfahrung sammeln.

Übrigens, weil es hier um Resonanz und das Spiegeln geht: Es ist effektiver, als Sie denken, wenn nicht nur Ihr Hund die Globuli oder Bachblüten bekommt. Überprüfen Sie doch bei der Gelegenheit mal, ob die Beschreibung des Mittels nicht auch irgendwie auf Sie zutrifft. Die Wirkung ist unter Umständen um einiges stärker, wenn Sie – nach Rücksprache mit dem Therapeuten(!) – ebenfalls dazu greifen.

Und es kann ganz sicher nicht schaden, wenn Sie nicht nur Ihrem Hund, auch mal vorbeugend, eine osteopathische oder chiropraktorische Behandlung gönnen, sondern zusätzlich gleich für sich selbst einen Platz auf der Behandlungsliege reservieren!

NOMEN EST OMEN!

Auch das, was in unserem Kopf stattfindet, zumal wenn ausgesprochen, hat eine direkte Wirkung auf die Gesundheit und das Wohlbefinden von uns und unseren Tieren. Vieles wird ganz direkt entlarvt, denn Sprache gibt Aufschluss und wirkt auf ihre Weise: Da wird unter Züchtern von „Hundematerial" gesprochen, von einer neuen „Frühjahrszuchtkollektion" – womit tatsächlich Welpen gemeint sind ... Bei so etwas schüttele ich den Kopf und frage mich, wie wertschätzend das auf einer Skala von eins bis zehn (in der es nicht um Geld geht) wohl wäre.

Es gibt psychologische Studien darüber, was es mit Kindern macht, wenn man sie „Dicki", „Blödi" oder „Dumpfbacke" nennt. Unseren Hunden geben wir Namen wie Brutus, Wodka, Sissi oder Zombie, wir nennen sie „Köter", „Mistvieh" oder „dummes Ding" – und dann wundern wir uns, wenn sie sich entsprechend verhalten. Hätte sich der kleine Herkules aus dem Beispiel im Kapitel „Fünf Sinne und ein sechster" auch so inbrünstig und zähnefletschend ins Zeug gelegt, wenn er auf den Namen „Klaus" oder „Wölkchen" getauft worden wäre?

Namen machen etwas mit uns. Sie beeinflussen uns. Auch wieder auf der unterbewussten Ebene und damit viel stärker, als es auf der bewussten möglich wäre. Denken wir an die Resonanz, die Schwingung, die wir damit anstoßen, wenn wir etwas oder jemanden benennen. Drückt der Name Liebe, Wertschätzung, Achtung aus – oder das Gegenteil?

Namen sind mit Eigenschaften belegt, die Sprachwissenschaft spricht von der Konnotation, der Mitbedeutung. Ein Herkules ist stark, ein Held und mutig sowieso. Ein Wölkchen ist all das wohl eher nicht und ein Dicki wird nur schwer abnehmen, weil er ja permanent gesagt bekommt, wie er zu sein hat, nämlich fett.

Sabines Tierheimhund Rocko, ein Macho durch und durch, hört seit Längerem auf den Namen Max. „Er ist seither wirklich sehr viel netter geworden", freut sich sein Frauchen.

Natürlich ist ein Umtaufen kein alleiniges Allheilmittel: Der Rest muss auch stimmen, wie wir seit unserer „Pyramidenforschung" am Anfang des Buches wissen. Es ist aber eine nicht zu unterschätzende Zutat im Gesamtpaket. Da sind wir wieder beim „Wie ich in den Hund hineinrufe, so schallt's zurück."

Durch eine bewusste Namensgebung kann man also Eigenschaften fördern – gewollte wie ungewollte. Und das gilt selbstverständlich auch für Kosenamen oder im Zorn ausgesprochene Beleidigungen. Sie wirken wie unter Hypnose erteilte Kommandos, sich genau so zu verhalten, wie der Name es aussagt – wie „self-fulfilling prophecies" (sich selbst

Freundlichkeit führt auch bei Hunden weiter als herrisches Gebrüll. (Foto: Uwe Janssen)

erfüllende Prophezeiungen) also. Bei Kindern ist dieses Phänomen übrigens sehr gut erforscht, nachzulesen beispielsweise bei Steven Biddulph (siehe Literaturtipps).

Sie sollten sich daher nicht wundern, wenn Ihr Whiskey einen Leberschaden entwickelt, Ihr Zombie bald nur noch im Schneckentempo hinter Ihnen herschleicht oder der „Tollpatsch" wieder mal irgendwo dagegen rempelt. Durch solche namentlichen Zuschreibungen fördern Sie vermutlich genau das Gegenteil dessen, was Sie erreichen wollten. Und wenn Sie den Namen hundertmal witzig fanden – bitte beweisen Sie Ihren Humor auf anderem Parkett als bei der Namensgebung Ihrer Hunde (oder Kinder).

Nur so als kleinen Denkanstoß am Rande: Wie war das mit Ihren eigenen Spitznamen? Fanden Sie selbst auch den komisch, über den die anderen am lautesten gelacht hatten? Hat er Ihnen Selbstbewusstsein gegeben oder genommen?

Ach ja, und wenn wir schon mal dabei sind, der Ton macht natürlich auch im Hundeleben die Musik. Unser Tonfall und unsere Lautstärke können von extrem aggressiv bis freundlich und höflich variieren. Hier stellt sich die Frage: Sind Sie jemand, der seinen Hund herumkommandieren und voll Härte „zurechtschleifen" möchte, wie auf einem vorsintflutlichen Kasernenhof (und wem wollen Sie damit was beweisen?) oder sprechen Sie lieber eine freundliche Einladung aus, der man gern Folge leistet? Ich persönlich fühle mich nicht gut dabei, wenn ich ein herrisches „Hierher!", losbrülle, zumal Hunde, wie wir alle wissen, überragend gut hören.

Welchen Ton Sie Ihrem Hund gegenüber anschlagen, hat viel mit Ihrer Souveränität zu tun – und mit Sozialkompetenz, mit Führungsqualitäten eben. Ein guter Chef brüllt ja auch nicht rum, damit man ihn ernst nimmt, denn damit wird er eher das Gegenteil erreichen.

Und was, wenn ich allein nicht weiterkomme?

> *„Nur weil ein Tier groß ist, heißt das noch lange nicht, dass es keine Freundlichkeit braucht; auch wenn Tieger größer wirkt als Ruh, braucht er doch genauso viel Freundlichkeit."*
>
> *(A. A. Milne, Pu der Bär)*

Bei manchen Themen, die uns unsere Hunde aufzeigen, geht es für uns richtig ans Eingemachte. Wenn wir selbst zu dicht an der Leinwand stehen, um das ganze Bild zu erfassen, ist es durchaus sinnvoll, sich Hilfe von außen zu gönnen. Gemeinsam einen Schritt zurückzugehen und dann neu hinzuschauen – begleitet von einem gut ausgebildeten Therapeuten. Auch hier kann ich Ihnen nur empfehlen, sich gut zu überlegen, wem Sie Ihr Vertrauen schenken und was der- oder diejenige für eine Qualifikation und Erfahrung hat. Es gibt jede Menge Herangehensweisen, versteckt wirkende Konflikte auf Seelenebene sichtbar zu machen und zu lösen. Im Folgenden gebe ich ein paar Beispiele für gängige Möglichkeiten.

AUFSTELLUNGSARBEIT

Kurz vorab zur Erklärung: Der Begriff Aufstellung kommt aus der systemischen Beratung und Therapie. Bekannt geworden – und gleichzeitig ein wenig in Verruf geraten – ist diese Arbeit durch Bert Hellinger, einen katholischen Theologen und Familientherapeuten, der dieser Methodik seinen ganz eigenen Stempel aufdrückte. Entwickelt hat sie sich vor vielen Jahren aus den therapeutischen Methoden Psychodrama (Jakob Moreno) und Familienskulptur (Virginia Satir). Unbeteiligte Menschen, symbolhafte Figürchen, sogar beschriftete Zettel werden dabei in Einzelsitzungen oder Gruppenworkshops zur Hilfe genommen, um ein Problem, eine Verstrickung im System, bildlich aufzuzeigen. Der Klient wählt aus der Gruppe oder den Gegenständen Stellvertreter, die quasi die Beteiligten an seinem Thema und ihn selbst verkörpern. So kann er von außen betrachten, was geschieht. Durch die Interaktion der Stellvertreter bahnt sich unter Anleitung des Therapeuten in der Folge die Lösung an. So ein System ist beispielsweise eine Familie, es kann aber auch die Arbeitsstätte oder eine Firma sein, um einen Umzug, einen Hausverkauf oder eben einen Hund gehen. Man stellte fest, dass der Effekt dabei weit übers Rollenspiel hinausgeht – zum einen erleben die Stellvertreter unwillkürlich Emotionen, Impulse und Handlungstendenzen, zum anderen wirkt sich das, was im Raum dieses sogenannten wissenden, morphogenetischen Feldes geschieht, anscheinend direkt auf das „wirkliche Leben" aus.

Auch Lujas Frauchen Nicola suchte Klärung in einer Tieraufstellung, nachdem sich bei ihrer pubertierenden Halbstarken Schwierigkeiten einstellten.

„Die ersten Monate waren komplett unbeschwert, voller Dankbarkeit und Hingabe von uns allen. Mit etwa sieben Monaten fing Luja dann an, am Zaun zu patrouillieren und lautstark zu bellen. Sie war immer gut drauf und es schien, als ob sie sich selbst ein Unterhaltungsprogramm suchte. Teils sprang sie bis auf Schulterhöhe an Menschen hoch, allerdings immer nur an denen, die irgendwie ambivalent zu ihr waren. Das kann sie heute auch noch exzellent, doch davon später. An schlechten Tagen war ich überzeugt, dass ich ihr durch meine körperliche Schwäche einfach nicht gerecht werden konnte. Ich habe sogar überlegt, ob sie es woanders besser haben könnte, ich wollte ihr doch nur ein schönes Leben schenken und sah mich nicht in der Lage, einen Aussie zu erziehen (obwohl sie mein dritter Hund dieser Rasse war). Jetzt, wo ich das schreibe, kommen mir echt die Tränen. Aus heutiger Sicht bin ich Luja dankbar, dass sie so viel Geduld mit mir hatte und mir meine Schattenseiten aufzeigte. Sie hat mich so lange mit meinen Gefühlen konfrontiert, bis ich es kapiert hatte. Und heute bin ich auf uns beide stolz, das war der allerbeste Weg zu meiner Heilung.

Einerseits haben wir bei einem Aussie-Experten gelernt. Ich habe bei ihm Einzelstunden gebucht und Luja war lammfromm. Damit war es klar, es lag nicht an Luja, sondern eindeutig an mir. Doch wie sollte ich ein „Leader" werden, wenn ich selbst noch durch mein Leben dümpelte. Dem Trainer sei Dank schaffte ich es, mutig weiterzumachen, ich lernte eine positive Sprache und im Kopf klare Bilder von dem zu entwickeln, was ich will.

Dann bat ich eine Schulfreundin, eine Aufstellung zu dem Thema zu machen, um die versteckten Botschaften zu erkennen. Ich habe in den vielen Jahren, in denen ich mit Aufstellungsarbeit zu tun habe (seit 1997) immer wieder ihre Faszination empfunden. Wer bereit ist, sich als eine Art offenes Gefäß zu sehen, erlebt in diesem Feld auch immer eine

„Mehr Lebensfreude" – auch das kann eine Botschaft sein, die ein Hund seinem Menschen vermitteln möchte.

gute Botschaft für sich. Deshalb geht jeder kraftvoll und gestärkt daraus hervor, auch wenn die Aufstellung noch lange nachwirkt.

Wir haben in meinem Fall mit Zetteln aufgestellt, die auf den Boden gelegt wurden, und wir hatten sehr erfahrene Stellvertreter zur Verfügung. Auf den Zetteln standen verdeckt das „Bellen", die „Stille", „Luja" und die „Kraft, die hier für eine Lösung gebraucht wird". Ich stand, wie bei einer Aufstellung mit Menschen, zunächst als Beobachter draußen und konnte mich am Ende selbst auf alle Plätze stellen. Das Verblüffendste war, dass der Erste, der auf dem Bellen stand, sofort zu lachen begann, herumsprang und einfach gut drauf war. So ging es auch den anderen auf diesem Platz. Man könnte denken: Natürlich macht dem Hund das Bellen Spaß. Die Lösung wurde schnell klar, als die Kraft deutlicher wurde. Es ging um Lebensfreude! Hier bin ich, hier komme ich, alle sollen sehen, welche Lebensfreude ich besitze und zu geben habe. Mach es auch so!!! Das war Lujas Botschaft! Meine erste Reaktion ging damals in die Richtung: Ich habe doch Lebensfreude! Doch wenn es uns trifft und wir glauben, uns verteidigen zu müssen, dann ist es wohl genau das Thema, um das es geht.

Sagen wir mal so: Mit der Änderung in meinem Leben – meiner Trennung – hatte ich Entlastung geschaffen, und ich bin schnell zufriedenzustellen. Doch Luja hat mich daran erinnert, dass das nur der Anfang war. So wurde mir noch klarer, dass Luja nur keinen anderen Weg wusste, mir zu vermitteln, dass ich auch endlich jubeln und Lebensfreude zeigen sollte, anstatt mich kraftlos durch die Tage zu schleppen.

Aufstellungen zeigen die Dinge, wie sie sind, auch wenn uns das nicht so recht gefallen mag. Ich habe in den diversen Aufstellungen in meinem Leben immer etwas verstanden, auf das ich in tausend Jahren nicht von allein gekommen wäre. Heute, fast drei Jahre nach der beschriebenen Aufstellung, sind wir der Lebensfreude deutlich näher gekommen. Ich habe mein Leben noch einmal komplett geändert. Alles, was ich tue, lasse ich in mir nachklingen. Hinterlässt es ein „feel good!", dann mache ich weiter, sonst lasse ich in der Tat die Finger davon. Es dauert einfach. Doch ohne die Botschaft hätte ich bestimmt nicht so konsequent weiter meinen Weg beschritten."

Einen anderen, sehr nachdenklich machenden Fall habe ich selbst an einem Seminarwochenende in meiner eigenen Praxis erlebt:

Es ging um einen Retriever namens Georgie, der sich wund kratzte und schulmedizinisch wie alternativ nach allen Regeln der Kunst austherapiert war. Georgie kratzte weiter, bis aufs Blut. Warum nur wollte er so verzweifelt aus seiner Haut heraus? Niemand wusste Rat. In einer Tieraufstellung zeigte sich rasch, dass die Wurzel seines Übels in der Ursprungsfamilie seines Frauchens lag: Die Frau war als Kind jahrelang vom eigenen Vater und dem Onkel missbraucht worden. Georgie zeigte, dass sie trotz vieler Therapien noch nicht damit abgeschlossen hatte, noch immer unterbewusst „aus ihrer Haut heraus" wollte. Das Thema war zwar bearbeitet worden, aber ihren Frieden mit der Vergangenheit zu machen, auch mit sich selbst, gelang meiner Klientin erst jetzt, als sie den Zusammenhang erkannte – sich ihre Wut, die noch immer in ihr brodelte, zugestand, sich das „Zum aus der Haut fahren, was die mir angetan haben!" erlaubte. Noch am selben Tag hörte Georgie spontan auf, sich selbst zu zerfleischen. Er konnte es fortan in seinem eigenen Fell gut aushalten.

Hier ging es um unterdrückte, verdrängte Wut und Verzweiflung, die sich stellvertretend bei dem treuen Retriever durch autoaggressives Verhalten zeigte.

Zum Aus-der-Haut-Fahren war auch einer Hündin in der Praxis meiner Freundin Marion zumute:

„Die Besitzerin wollte für ihren Hund im Einzelsetting aufstellen. Der Hund, ein aus Rumänien geretteter und mit seinem Frauchen sehr verbundener Vierbeiner, hatte multiple Symptome, die laut Aussa-

ge der Tierärztin psychosomatisch zu sein schienen. Immer wieder leckte die Hündin sich die Pfoten regelrecht wund und litt unter starken Durchfällen. Allergien waren ausgeschlossen. Mal war es etwas besser, dann wieder umso schlimmer.

In der Aufstellung wurde deutlich, dass die Frau vor lauter Angst nicht allein stehen konnte. Immer wieder rückte die Hündin dicht zu ihr. In der Aufstellung wirkten als wichtige Kraftquellen ein verstorbener Bruder und ein Kind aus einer vor Jahren erlittenen Fehlgeburt. Auch hinzugestellte Aspekte wie „sinngebende Aufgaben", „Ziele" und „soziale Kontakte" stärkten die Frau und ließen die Hündin Schritt für Schritt zurücktreten. Die Hündin begann, sich umzuschauen und zu spielen, hielt Ausschau nach Artgenossen. Sie blickte jetzt freundlich auf ihr Frauchen und fühlte sich dabei gelöst und fröhlich. Ich ermunterte die Dame, die Aufstellung einige Wochen wirken zu lassen und mir bei Gelegenheit eine Rückmeldung zu geben. Nach fünf bis sechs Wochen rief sie an und machte einen Termin für sich aus. Sie hatte erkannt, dass sie im Laufe der Jahre eine regelrechte Sozialphobie entwickelt hatte. Nun wollte sie wieder Kontakte knüpfen

Das Wundlecken einer Pfote kann ein Symptom für ein weit tiefer gehendes Problem sein.

und behindernde Ängste überwinden. Der Hündin gehe es sehr gut, berichtete sie, sie habe lediglich noch leichte Durchfälle, sobald ihr Frauchen unter starker psychischer Anspannung stünde."

IMAGINATIONSTHERAPIE

Vor ein paar Wochen kam eine junge Dame zu mir, nennen wir sie Änne. Sie hatte Probleme mit ihrem Colliemischling – beziehungsweise er mit ihr. Änne hatte erkannt, dass sie arbeitsbedingt so unter Strom stand, dass sie nicht mal mehr auf dem Hundeplatz wirklich abschalten konnte. Ihr Stress übertrug sich auf den Hund, der plötzlich aus unerfindlichen Gründen unter Rückenproblemen und einem blockierten Kiefergelenk litt und gerade ein Magengeschwür entwickelte. Auf Aufgaben wie die Spurensuche, die ihm früher so viel Spaß bereitet hatten, konnte er sich nicht mehr konzentrieren; er wirkte lustlos und ohne Lebensfreude. Oft sah er sie erwartungsvoll an, statt die Spur aufzunehmen, und gähnte einfach nur. Änne fühlte sich hilflos, weil sie nicht wusste, wie es ihr gelingen sollte, selbst abzuschalten, damit auch ihr Hund wieder seine Ruhe und Gesundheit finden würde.

Im Gespräch kristallisierte sich schnell heraus, dass es gar nicht um die Mehrbelastung bei der Arbeit ging, sondern vorwiegend um einen Kollegen, den sie als unehrlich und als „Mogelpackung" empfand. Unaufrichtigkeit, das war ein Thema, bei dem die Funken aus ihren Augen sprühten. Auch auf dem Hundeplatz konnte sie es nicht ertragen, wenn jemand nicht geradeheraus sagte, was er empfand, andere schlecht machte oder wenn nach außen das zerstrittene Vereinsleben nur schöngeredet wurde, wo doch jeder wusste, dass es hinter der Fassade alles andere als rosig aussah. Ich fragte Änne, ob sie so eine Situation in anderem Zusammenhang schon erlebt habe, und sofort platzte sie heraus: „Bei meinen Eltern. Als ich neun Jahre alt war, habe ich herausgefunden, dass meine Mutter meinen Vater über Jahre betrogen und uns alle angelogen hatte." Als sie den Vater mit den gefundenen Indizien konfrontierte, stellte sich heraus, dass eine Woche zuvor bereits ein klärendes Gespräch zwischen den Ehepartnern stattgefunden hatte. Die Trennung empfand meine Klientin dabei gar nicht als besonders schlimm – aber eben die Unehrlichkeit!

Nachdem wir herausgefunden hatten, dass Änne insgeheim nicht nur auf die Mutter, sondern auch auf den Vater wütend gewesen war (der so blind und naiv war und damit kein guter Beschützer für ein kleines, von Verlustängsten geplagtes Mädchen zu sein schien), erkannte sie, dass die Lage im Büro und auf dem Hundeplatz letztlich nur die Wiederholung der Situation von damals darstellte: Prangerte sie Missstände an, statt sie unter den Teppich zu kehren, wurde sie zum Buhmann. Statt ihrer Kompetenz fiel ihre „freche Klappe"

Ums Balancehalten geht es nicht nur auf dem Wackelbrett, sondern auch im Leben.

unangenehm auf, und der Kollege stand gut da, während sie schlaflose Nächte, Magenprobleme und Verspannungen hatte – genau wie ihr Hund. „Aber soll man denn in so einem Fall lieber unehrlich sein? Das geht ja gar nicht!"

Erinnern wir uns an die Spiegelgesetze: Was uns am anderen am meisten stört, ist ein (gut versteckter) Anteil in uns selbst. Ich versetzte sie zurück in die Situation des neunjährigen Mädchens und bat sie, sich emotional in die Mutter hineinzuversetzen. Hatte sie ihrer Tochter durch das langjährige Geheimnis schaden wollen? Überrascht stellte die Tochter fest, dass die Mutter in Wahrheit versucht hatte, die Familie zu schützen, indem sie die Fassade aufrechterhalten hatte, und es nicht ihr Ziel gewesen war, ihr Kind böswillig anzulügen. Hätte sie Fakten geschaffen und ihrer Liebe den Vorzug gegeben, wäre die glückliche Kindheit der Tochter ganz anders verlaufen. Die Tochter erkannte zum ersten Mal auch die Ängste von beiden Eltern vor der Konfrontation – und dass sie selbst „hintenrum" gehandelt hatte, indem sie mit dem Fund zum Vater gerannt war, der darüber hinaus bereits alles wusste – statt die Mutter direkt damit zu konfrontieren, wie sie es für ehrenhaft hielt.

Das neunjährige Mädchen verzieh sich nicht, dass es nun eine „Petze" war und damit im selben Boot saß wie die Eltern, die so „falsch" gehandelt hatten. Sie verdrängte das Ganze so erfolgreich, dass die erwachsene Änne zum wütenden Kreuzritter gegen jedwede Unehrlichkeit wurde. Bauchschmerzen und Stress entstanden durch den inneren Konflikt aus der erlebten Erfahrung: Wenn man die Wahrheit sagt, wenn die Fassade gesprengt wird, droht Verlust, wird man verlassen. Änne erkannte im Verlauf unserer Sitzung, dass sie im schönredenden Kollegen ebenso wie in den Mitgliedern des Hundevereins letztlich immer wieder ihren Eltern begegnet war, was ihr einen Klumpen im Bauch verursacht hatte. Nachdem sie sich in der Altersrückversetzung mit den Eltern ausgesöhnt hatte, fühlte sie sich erleichtert und befreit. Eine Zentnerlast war von ihren Schultern genommen. Innerhalb einer Woche hörten die Rückenschmerzen ebenso auf wie der Druck in der Magengegend. Erstaunt schrieb sie mir, dass der Kollege plötzlich wie ausgewechselt schien. Das für sie Wichtigste von allem war aber, dass Filou, der Colliemix, wieder ganz der Alte war – schmerzfrei, mit Spaß bei der Nasenarbeit und hochkonzentriert beim Mantrailing, wo beide wieder richtig gut abschalten konnten. Und Filous Gähnen betrachtete sie künftig als Aufforderung, selbst entspannt zu bleiben und lockerer zu werden.

KINESIOLOGIE

Die Kinesiologie macht sich das Stressverhalten unseres Körpers zunutze. Unter Anspannung ziehen sich Muskelfasern zusammen. Sind wir entspannt, bleiben wir locker. Stellt der testende Therapeut dem Klienten Fragen, kann er gleichzeitig die Muskelspannung prüfen und so Antworten erhalten. Es gibt diverse Schulen und Techniken, die mit diesem Muskeltest arbeiten, um eine Stressreduktion herbeizuführen – teils bis weit in die Seelenebene hinein.

Meine Kollegin Marion, eine begnadete Kinesiologin, die mit den Three In One

Wenn Mensch und Hund eine sehr enge Verbindung haben, ist Resonanz in beide Richtungen möglich: Auch der Mensch kann Symptome seines Hundes übernehmen. (Foto: Christin Gasner/Shutterstock.com)

Concepts® arbeitet, erlebte in ihrer Praxis eine ganz außergewöhnliche Geschichte zum Thema Resonanzen. Auch hier verstand niemand die Symptome des Hundes, beziehungsweise wären sie glatt übersehen worden, wenn nicht ... aber lesen Sie selbst:

„Es ist jetzt ungefähr drei Jahre her. Eine Klientin kam mit anhaltenden Zahnschmerzen ohne Befund in meine Praxis. Der Zahnarzt hatte den Zahn und auch seine Nachbarzähne geröntgt, doch es war nichts zu finden. In der kinesiologischen Balance zeigte der Zahn uns einen hohen Stresslevel und wir erhielten auch die Erlaubnis, an dem Thema zu arbeiten. Alle Gewahrseinsebenen und alle fünf Körper zeigten die Bereitschaft an, von der kinesiologischen Sitzung profitieren zu wollen. Trotzdem meinte die Klientin im weiteren Verlauf, dass die Ergebnisse nicht zu ihr passen würden. Wir testeten, ob das Thema wirklich zu 100 Prozent ihr Thema war. Der Muskel antwortete, dass dieses Thema zu 100 Prozent ***nicht*** *ihr Thema war. Das ist ungewöhnlich, da wir zwar oftmals mit den Themen uns nahestehender Menschen verstrickt sind, aber in der Regel dennoch zumindest ein Teil eines solchen Themas zum eigenen Thema wird. Wir testeten also, wem das Thema gehörte. Vater, Mutter, Geschwister, Chef, Freundin und so weiter, aber der Muskel reagierte nicht. Bis die Klientin eher scherzhaft sagte: „Dann gehört es wohl meinem Hund." Und schwupps rastete der Muskel ein.*

Da wir den Stress nicht weiter lösen konnten und sich das menschliche Gebiss nicht eins zu eins auf den Hund übertragen lässt, bekam der Tierarzt die Anweisung, den zweiten Quadranten des Hundegebisses näher unter die Lupe zu nehmen.

Der Tierarzt fand am Zahnfleisch, klein und dicht innen am Zahnhals gelegen, ein malignes Melanom. Solche Melanome haben eine schlechte Prognose, da sie häufig sehr spät entdeckt werden. Dieses Melanom konnte nun rechtzeitig entfernt werden, sodass der Hund zumindest heute – nach mittlerweile drei Jahren – noch am Leben ist. Und – tadaaah! – die Zahnschmerzen der Klientin waren fortan verschwunden."

Auch in meiner Arbeit begegne ich solchen „umgekehrten" Übertragungen immer mal wieder – ich nehme körperlich einen Schmerz, ein Unwohlsein wahr und in dem Augenblick, wo ich mich wundere, weil ich mich bis eben noch fit gefühlt habe, und mich umschaue, sehe ich quasi schon den vierbeinigen Urheber winken, der sich einfach nicht anders zu helfen wusste, als mir diese Körperwahrnehmung über mein Resonanzfeld „rüberzubeamen". Sobald ich es verstanden habe, hört das Gefühl auf. Dann hat die Botschaft ihren Zweck erfüllt. Hier spiegeln uns unsere Tiere nicht, um uns etwas aufzuzeigen, sondern sie nutzen quasi denselben Leitungsweg, um auf sich aufmerksam zu machen. Die Natur ist clever!

DER SCHLÜSSEL ZUM HUNDEGLÜCK

Tja, was soll ich groß drumherum schreiben? Der Schlüssel steckt natürlich. Sie brauchen ihn nur noch umzudrehen. Wie Sie das schaffen? Das, was Sie dafür tun müssen, haben Sie sich schon ziemlich weit vorn in diesem Buch selbst als Hausaufgabe gestellt – als Teilziel auf Ihrem Weg gesteckt. Sie erinnern sich? Da war der erste Kasten in der rechten Spalte. Und viele weitere folgten, die Sie aufmerksam gemacht haben, den Blickwinkel ändern ließen. Da waren Beispiele, die Sie vielleicht ins Grübeln gebracht oder berührt haben ... All das sind Schritte! Hauptsache, Sie bewegen sich.

Wege führen uns bergauf, bergab, um Kurven herum und manchmal gibt es auf ihnen Hindernisse zu überwinden wie Schlaglöcher, Gräben, Flüsse ..., aber es gibt auch Brücken. Mitunter sind es sogar goldene. Unsere Hunde sind dankbare, meist sehr geduldige Wegbegleiter. Und wenn wir unsere Hausaufgaben machen, schauen sie sich das veränderte Verhalten, die neue Einstellung ganz genauso von uns ab wie alles andere.

Wenn es uns gelingt, jeden Tag ein Stückchen kongruenter zu leben, uns also nicht im Hadern darüber zu verfangen, was schon wieder alles nicht geklappt hat, sondern das anzunehmen, was ist – dann haben wir das Wichtigste verstanden.

Schreiben Sie täglich Ihre positiven Erlebnisse und Erinnerungen auf, etwa das, was gut geklappt hat oder worüber Sie herzlich gelacht haben. Ich habe auf meinem Schreibtisch ein Marmeladenglas stehen, das ich übers Jahr mit kleinen Zetteln fülle. Darauf notiere ich, was ich Schönes erlebt habe, worüber ich mich gefreut habe. So freue ich mich doppelt, und wenn ich das Glas an Silvester öffne sogar ein drittes Mal. Wie das Gehirn unserer Hunde, so lernt auch unser Gehirn durch Wiederholung und positive Bestärkung.

Schrittchen für Schrittchen

„Das Schwierigste ist, was man zurücklassen soll. Es ist Zeit loszulassen."

(A. A. Milne, Pu der Bär)

Erlauben Sie sich, dass alles einfach sein darf. Erinnern Sie sich an das, was Winnie Pu zum Meister macht: Wenn etwas nicht klappt, haben wir uns zu sehr angestrengt. Es darf leicht sein. Wir dürfen Spaß haben. Wir können locker bleiben und wir sollten nicht zu hohe Ansprüche an uns selbst stellen! Unsere eigene Unzufriedenheit, unsere inneren Konflikte zermürben nicht nur uns selbst und machen uns auf Dauer krank, sondern auch die uns Anvertrauten, ganz egal, wie viele Beine sie haben.

Also, raus aus der Bewertung! Hören Sie auf zu sagen: „Das ist aber schwer!" oder „Das sagt sich so leicht." „Die hat leicht reden. Wenn sie wüsste, was mir Schlimmes passiert ist ..."

Ja, es mag sich im Moment vielleicht wirklich schwer anfühlen. Erste Schritte kosten meist Überwindung. Aber vielleicht ist damit schon gemeint, dass der Weg das Ziel ist: Es tun. Anfangen. Mit dem ersten Schritt.

Unsere komplette Wirklichkeit ist subjektiv, und wir entscheiden, jede Minute aufs Neue, ob wir in unserem hausgebackenen Drama verharren wollen oder ob wir einen Schritt zurücktreten und das Ganze wie auf einer inneren Kinoleinwand mit etwas Abstand betrachten. Es geht einfach nur ums Wahrnehmen, ohne zu bewerten: „Aha, so ist das also gerade ... so fühlt es sich an."

Probieren Sie es aus, Sie werden feststellen, dass das Leben tatsächlich leichter wird. Treffen Sie eine Entscheidung: Wollen Sie das Drama behalten oder lassen Sie sich auf ein neues Abenteuer ein? Ändern Sie Ihre Einstellung dazu?

Während ich dieses Buch geschrieben habe, wurde meine Hündin sehr schwer krank. Phasenweise bin ich in dieser Situation schier verzweifelt, habe alle Experten zurate gezogen, die ich kenne (und glauben Sie mir, ich kenne eine Menge wirklich guter Leute, wofür ich zutiefst dankbar bin!). Aber nichts schien zu helfen, egal, auf welcher Ebene wir gearbeitet, gekämpft, behandelt, gebetet haben ... Natürlich habe ich mich bei Gedanken erwischt wie „Nicht das auch noch!" oder „Warum gerade jetzt?" und „Was um Himmels willen soll es mir sagen?"

Dann hat es „klick" gemacht und ich habe mich entspannt, weil ich ohnehin nicht ändern kann, was geschehen soll. Wir sind mächtig, aber nicht allmächtig, pflegt ein lieber Freund von mir zu sagen. Und das ist sehr gut so.

Ich habe mich gefragt, was denn das Schlimmste ist, was passieren kann – dass mein Hund stirbt, natürlich. Nun, ich

Auch wenn unser Weg mit Höhen, Tiefen und so manchem Hindernis aufwartet, es gibt immer wieder auch Brücken, wir müssen sie nur finden. (Foto: MrSegui/Shutterstock.com)

wusste, dass der Tag unweigerlich kommen wird, ich hatte keine Ahnung, wann. Ich wusste auch, dass das für meinen Hund nicht schlimm sein sollte, denn er geht dann nach Hause. Daran glaube ich ganz fest – und auf zu Hause freuen wir uns doch alle. Wer bin ich also, dass ich das verhindern oder verzögern wollte? Was wäre ich für ein Freund?

Ich habe abgegeben, losgelassen. Und auf einmal wurde es viel leichter. Das heißt nicht, dass ich die Behandlungen abgebrochen hätte, nein, natürlich nicht! Aber ich habe meine innere Einstellung verändert – quasi dem Schöpfer das Schöpfen erlaubt (wie vermessen wäre auch das Gegenteil gewesen?) – nicht mein Wille, sondern dein Wille geschehe. Meine Verbissenheit war wie weggeblasen, ebenso meine Verzweiflung, mein Hadern. Wir haben einen guten Kampf gekämpft. Meine Hündin ist gestorben. Rückblickend ist es erstaunlich, wie lange sie durchgehalten hat. Ich habe bestimmt noch nicht alles verstanden. Doch ich habe mein Versprechen gehalten. Ich habe sie nach Hause gebracht, und ich war bei ihr.

Selbst wenn wir das Gefühl haben, „ganz tief drin zu stecken“,
können wir aus eigener Kraft wieder „auftauchen“.
Wir müssen nur darauf vertrauen. (Foto: Rita Kochmarjova/Shutterstock.com)

Es ging und geht um Vertrauen – in jeder Situation, auch und besonders, wenn wir als Prüfung erleben, was uns begegnet. Vertrauen darauf,

... dass es gut wird, egal, wie es ausgeht.

... dass es gut ist, so wie es ist.

... dass wir das unsere dazutun – mit allem, was uns zur Verfügung steht, aber Raum lassen, Luft nach oben. Denn ohne die geht es nicht.

... dass wir auf einem guten Weg sind.

Meine Überzeugung ist, dass alles einen Sinn ergibt, was uns begegnet. Und im Nachhinein erkennen wir ihn sogar manchmal.

Mir hilft das immer – ich muss mich nur daran erinnern, auch und besonders in den haarigen Momenten.

Meine Faustregel hat fünf Finger. Und wenn Sie jetzt einwenden, eine Faust habe gar keine Finger: Stimmt genau, das ist für mich ja gerade das Sinnbild dahinter: Ich muss meine Faust erst öffnen. Das ist die Entscheidung, die ich treffe.

Und dann kann ich:

achtsam sein,
wahrnehmen,
annehmen und abgeben,
verzeihen (auch mir selbst),
dankbar sein
... und wahre Wunder beobachten.

Und Sie können das auch.

Nur eins noch: Wenn mein Hund Gefühle hat, die er mir mitteilen möchte, Wünsche anmeldet, Bedürfnisse äußert, mir einen Spiegel hinhält, womöglich gar zum Co-Therapeuten wird, für mich Symptome trägt oder seine ganz eigenen Themen mit sich herumschleppt – wenn er mich durch sein Tun weiterbringt und ich bereit bin, hinzuhören: Was bedeutet das schlussfolgernd für den Umgang mit allen Tieren?

Es fordert mich in meinem Menschsein, in meiner Konsequenz, meiner Kongruenz und Authentizität. Wenn ich mich darauf einlasse, kann es mein Leben unendlich bereichern.

Albert Schweitzer sagte einst: „Viele Menschen wissen, dass sie unglücklich sind. Aber noch mehr Menschen wissen nicht, dass sie glücklich sind."

Ist Ihr Hund glücklich?
Seien Sie es!
Fangen Sie jetzt damit an!

Viel Freude dabei!
Ihre Karin Müller

Das letzte Wort gehört noch einmal Pu dem Bären:

„Falls es jemals ein Morgen gibt, an dem wir nicht zusammen sind, gibt es etwas, das du dir immer merken musst:
Du bist tapferer als du glaubst, stärker als du scheinst und schlauer als du denkst. Aber das allerwichtigste ist, auch wenn wir voneinander getrennt sind, ich werde immer bei dir sein.“

(Disney's Winnie Puuh)

ÜBER DIE AUTORIN

Karin Müller ist eine der bekanntesten Tierdolmetscherinnen im deutschsprachigen Raum. Sie hat zahlreiche Bücher geschrieben, gibt seit vielen Jahren Seminare und unterstützt als staatlich geprüfte Heilpraktikerin für Psychotherapie in ihrer Praxis vorwiegend Tiere und ihre Menschen. Die verantwortungsvolle Kombination von energetischer Arbeit mit Fachwissen und Erfahrung ist ihr dabei besonders wichtig. Zum Ausgleich und aus Passion malt sie, verbringt viel Zeit in der Natur und schreibt Kinderbücher.

Ihren ersten eigenen Hund bekam sie mit drei Jahren. Sie wuchs mit Vierbeinern und Vögeln in Süddeutschland auf und könnte sich ein „Leben ohne" gar nicht vorstellen. Studiert hat sie Angewandte Kulturwissenschaften an der Universität Lüneburg. Dann folgten eine journalistische Ausbildung beim Hörfunk, lange Jahre als Redakteurin, mehrere Auslandsaufenthalte und kontinuierliche Fortbildungen im tierischen und therapeutischen Bereich. Mit ihrer Familie und vielen Tieren wohnt sie heute in der Nähe von Hannover auf dem Land.

Karin Müller mit ihrer Hündin Lillepuss.
(Foto: Heike Erdmann)

QUELLEN/ LITERATURHINWEISE

Biddulph, Steven: Das Geheimnis glücklicher Kinder. Heyne Verlag, 2011

Bush, Ashley: Gelassenheit to go. Knaur MensSana Verlag, 2014

Disney: Die vielen Abenteuer von Winnie Puuh – Special Collection. Walt Disney Home Entertainment, DVD 2002

Disney: Winnie Puuh auf großer Reise. Walt Disney Home Entertainment, DVD 1999

Furman, Ben: Es ist nie zu spät, eine glückliche Kindheit zu haben. 6. Aufl., Borgmann Verlag, 2013

Grimm, Hans-Ulrich: Katzen würden Mäuse kaufen. Heyne Verlag, 2009

Hoff, Benjamin: Tao Te Puh. Synthesis Verlag, 12. Aufl., 2002

Menzel, Stefanie: Mit der Welt in Resonanz. Schirner Verlag, 2011

Milne, Alan A.: Pu der Bär oder wie man das Leben meistert. Cecilie Dressler Verlag, 1998

Milne, Alan A.: Pu der Bär Gesamtausgabe. Neuausgabe, Cecilie Dressler Verlag, 2009

Müller, Karin: Gespräche mit Hunden. Kosmos Verlag, 2007

Schweitzer, Albert: Ehrfurcht vor dem Leben. 9. Aufl., Verlag C. H. Beck, 2008

Schweitzer, Albert: Ehrfurcht vor den Tieren. Verlag C. H. Beck, 2006

Sheldrake, Rupert: Das schöpferische Universum. Aktualisierte Neuausgabe, Ullstein Verlag, 2009

Sheldrake, Rupert: Der siebte Sinn der Tiere. 4. Aufl., Fischer Taschenbuch-Verlag, 2009

Vicente, Mark (Regie): What the Bleep do we (k)now. Horizon Film (Alive), 2006

Vicente, Mark (Regie): Bleep – Down the Rabbit Hole. Quantum Edition, Horizon Film (Alive), 2007

Wikipedia-Eintrag: „Kybalion" http://de.wikipedia.org/w/index.php?title=Kybalion&oldid=131281523; 25. 8.2014

(Foto: Müller)

STICHWORTREGISTER